Lt-Colonel LAMOUCHE

FOSSILES CARACTÉRISTIQUES

Préface de M. Ch. BARROIS

Membre de l'Institut

Professeur de Géologie à la Faculté des Sciences de Lille

DEUXIÈME FASCICULE

Terrains de l'ère secondaire

(Trias — Végétaux secondaires - Lias)

33 planches, 326 figures, 147 espèces avec légendes

PARIS

LIBRAIRIE SCIENTIFIQUE J. HERMANN

6, RUE DE LA SORBONNE, 6

1926

FOSSILES CARACTÉRISTIQUES

Ère secondaire

Lt-Colonel LAMOUCHE

FOSSILES CARACTÉRISTIQUES

Préface de M. Ch. BARROIS
Membre de l'Institut
Professeur de Géologie à la Faculté des Sciences de Lille

DEUXIÈME FASCICULE

Terrains de l'ère secondaire
(Trias - Végétaux secondaires - Lias)
33 planches, 326 figures, 147 espèces avec légendes

PARIS
LIBRAIRIE SCIENTIFIQUE J. HERMANN
6, RUE DE LA SORBONNE, 6

1926

FOSSILES CARACTÉRISTIQUES

Explication des 33 planches
du deuxième fascicule
renfermant 147 espèces des terrains ci-après :

2 — Lias ou Jura noir : séries numérotées de 16 à 23 inclus.

Végétaux jurassiques et crétacés : série V. S.

1 — Trias : séries numérotées de 13 à 15 inclus.

1º Chaque fossile est reproduit en grandeur naturelle, sauf indication de réduction ou de grossissement mise en abrégé à côté de la figure.

2º Les fossiles sont groupés par séries dont chacune porte un numéro d'ordre et correspond à une des grandes divisions de la stratigraphie.

3º Chaque espèce porte deux numéros séparés par un point. Le petit numéro, celui de droite, est celui de la série, donc de l'étage. Le numéro en caractères plus gros, celui de gauche, est le numéro d'ordre du fossile dans la série.

Cette notation a été adoptée pour rendre l'album indéfiniment perfectible puisque chaque série est illimitée.

Une série portant la marque VS est relative à des types de végétaux des temps jurassiques et crétacés.

13 — TRIAS INFÉRIEUR
(WERFÉNIEN, GRÈS BIGARRÉ, SCYTHIEN)

1.₁₃. — *Equisetites arenaceus* (JAEGER) BRONN. 4/5 gr. nat. : Jeune tige en voie d'évolution. Schimper, Traité de paléontologie végétale. Atlas, Paris 1874, pl. IX, fig. 4.

2.₁₃. — *Voltzia heterophylla* AD. BRONGNIART. — *a)* Type de Brongniart. — *b)* Cône. — *c)* Ecaille de cône. Schimper, Traité de paléontologie végétale, Paris 1874, pl. 74, fig. 1, 5 et 6.

3.13. — *Naticella (Natiria) costata* (Münster). Fr. Frech, Lethæa geognostica, Mesozoicum, Trias, Stuttgart 1905, pl. 34, fig. 13.

4.14. — *Pseudomonotis Clarai* (Emmrich). — *a)* Une valve droite. — *b)* Une valve gauche d'un autre individu. Fr. Frech, Lethæa geognostica, Mesozoïcum, Trias, Stuttgart 1905, pl. 34, fig. 3 et 4.

5.13. — *Tirolites cassianus* (Quenstedt). Fr. Frech. Lethæa geognostica, Mesozoicum, Trias, Stuttgart 1905. pl. 34, fig. 15 a b.

14 — TRIAS MOYEN

(MUSCHELKALK { **2 LADINIEN**
{ **1 VIRGLORIEN ou DINARIEN)**

1.₁₄. — *Encrinus liliiformis* LAMARCK. — *a)* Individu adulte présentant la tête entière et une portion de la tige. Les plaquettes du calice et des bras sont visibles. On remarque les variations de forme qu'offrent les articulations de la tige en se rapprochant de la base du calice. — *b)* Autre individu dont la tête est entière et qui montre une portion de la tige. Dans cet individu, la surface externe des articulations des bras n'est pas renflée comme dans le précédent ; les articulations de la tige sont en outre beaucoup plus étroites et moins irrégulières. Entre ces deux types extrêmes, dont la physionomie est si différente, on connaît une série de formes intermédiaires qui les rattachent l'un à l'autre. Bayle, Explication Carte géol. France, Paris 1878, pl. CLVII.

2.₁₄. — *Cœnothyris (terebratula) vulgaris* (SCHLOTHEIM). Fr. Frech, Lethæa geognostica, Mesozoicum, Trias, Stuttgart 1905, pl. 35, fig. 4 a b c.

3.₁₄. — *Spirigera (= Retzia) trigonella* (SCHLOTHEIM). Fr. Frech, Lethæa geognostica, Mesozoicum, Trias, Stuttgart 1905, pl. 35, fig. 7 a b.

4.₁₄. — *Cardita crenata* GOLDFUSS. Fr. Frech, Lethæa geognostica, Mesozoicum, Trias, Stuttgart 1905, pl. 39, fig. 8 a b c.

5.₁₄. — *Daonella Lommeli* (WISSMANN). Fr. Frech, Lethæa geognostica, Mesozoicum, Trias, Stuttgart 1905, pl. 38, fig. 4.

6.₁₄. — *Gervilleia (Hœrnesia) socialis* (SCHLOTHEIM). Fr. Frech, Lethæa geognostica, Mesozoicum, Trias, Stuttgart 1903, pl. 5, fig. 1 et 1905, pl. 34, fig. 9.

7.₁₄. — *Lima striata* (SCHLOTHEIM). Fr. Frech, Lethæa geognostica, Mesozoicum, Trias, Stuttgart 1903, pl. 4, fig. 7.

8.₁₄. — *Naticopsis Gaillardoti* (LEFR.). Echantillon de Lorraine, grossi 2 fois. Fr. Frech, Lethæa geognostica, Mesozoicum, Trias, Stuttgart 1903, pl. 3, fig. 10.

9.₁₄. — *Trachyceras Aon* (MÜNSTER). Fr. Frech, Lethæa geognostica, Mesozoicum, Trias, Stuttgart 1905, pl. 39, fig. 1 a b c.

10.₁₄. — *Myophoria vulgaris* (SCHLOTHEIM). — *a)* Figure extraite de Goldfuss, Petrefacta Germaniæ, Dusseldorf 1834-1840, pl. CXXXV, fig. 16 a. — *b)* Schéma de charnière, valve gauche. — *c)* Schéma de charnière, valve droite. Henri Douvillé, Classification des Lamellibranches, Bull. Soc. Géol. France, 4ᵉ série, t. XII, 1912, fasc. 7, p. 445, fig. 19 et 20.

11.₁₄. — *Ceratites nodosus* typus (BRUG.) [SCHLOTHEIM]. 2/3 gr. nat. d'après Fr. Frech, Lethæa geognostica, Mesozoicum, Trias, Stuttgart, 1903, pl. 2, fig. 5 a b c.

12.₁₄. — *Ptychites flexuosus* Mojsisovics. Fr. Frech, Lethæa geognostica, Mesozoicum, Trias, Stuttgart 1905, pl. 36, fig. 5a, 5b, 5c. ; gr. nat.

13.₁₄. — *Myophoria pes anceris* (Schlotheim). Goldfuss, Petrefacta Germaniæ, Dusseldorf 1834-1840, pl. CXXXVI, fig. 1a.

14.₁₄. — *Myophoria Goldfussi* Alberti. Goldfuss, Petrefacta Germaniæ, Dusseldorf, 1834-1840, pl. CXXXVI, fig. 3.

15.₁₄. — *Placodus gigas* Agassiz. Reproduction gr. nat. d'un échantillon provenant de Lunéville et déposé au Muséum de Nantes.

16.₁₄. — *Nothosaurus mirabilis* Münster. — *a)* Crâne un peu restauré, 1/4 gr. nat. vu de profil. — *b)* Dent, gr. nat. — *c)* Corps d'une vertèbre cervicale gr. nat. vue d'en haut. — *d)* La même, vue de profil. Karl A. von Zittel, Grundzüge der Palæontologie, München und Leipzig 1895, fig. 1648, 1649 et 1650.

17.₁₄. — Dent d'*Hybodus plicatilis* Agassiz. Karl A. von Zittel, Grundzüge der Palæontologie, München und Leipzig 1895, fig. 1433 a.

18.₁₄. — Dents de *Ceratodus Kaupii* Agassiz. — *a)* Dent supérieure adhérente à une portion du palais partiellement conservée. — *b)* Dent de la mâchoire inférieure, du même, gr. nat. Fr. Frech, Lethæa geognostica, Mesozoicum, Trias, Stuttgart 1903, p. 11 a, pl. II du texte.

15 — TRIAS SUPÉRIEUR

(KEUPER $\begin{cases} 2\cdot\text{NORIEN} \\ 1\ \text{CARNIEN} \end{cases}$ MARNES IRISÉES)

1.₁₅. — *Pterophyllum Jaegeri* AD. BRONGNIART. 3/5 gr. nat. Schimper, Traité de paléontologie végétale, Paris 1874, Atlas, pl. LXXI, fig. 7.

2.₁₅. — *Diplopora multiserialis* GÜMBEL. Fr. Frech, Lethæa geognostica, Mesozoicum, Trias, Stuttgart 1905, pl. 37, fig. 9.

3.₁₅. — *Gyroporella vesiculifera* GÜMBEL. Grossie 5 fois. Fr. Frech, Lethæa geognostica, Mesozoicum, Trias, 1905, pl. 42, fig. 15 a b.

4.₁₅. — *Myophoria Kefersteini* MÜNSTER. Goldfuss, Petrefacta Germaniæ, Dusseldorf 1834-1840, pl. CXXXVI, fig. 2a.

5.₁₅. — *Halobia rugosa* GÜMBEL. — *a)* Individu adulte. — *b)* Jeune individu. Fr. Frech, Lethæa geognostica, Mesozoicum, Trias, Stuttgart 1905, pl. XLII, fig. 1 et 2.

6.₁₅. — *Monotis salinaria* BRONN. Fr. Frech, Lethæa geognostica, Mesozoicum, Trias, Stuttgart 1905, pl. XLIX, fig. 2.

7.₁₅. — *Megalodus complanatus* GÜMBEL. Fr. Frech, Lethæa geognostica, Mesozoicum, Trias, Stuttgart 1905, pl. 52, fig. 4 a b.

8.₁₅. — *Estheria minuta* (ALBERTI). Crustacé bivalve. — *a)* Valve gauche, grossie 6 fois. — *b)* Profil dorsal, grossi 6 fois. — *c)* Fragment de surface, grossi 50 fois. T. Rupert Jones, A Monograph of the Fossil Estheriæ ; London, Palæontographical Society, 1862, pl. II, fig. 1, 2 et 3.

9.₁₅. — *Arcestes esmensis* MOJSISOVICS. Fr. Frech, Lethæa geognostica, Mesozoicum, Trias, Stuttgart 1905, pl. 37, fig. 13 a b c.

10.₁₅. — *Trachyceras aonoïdes* MOJSISOVICS. Fr. Frech, Lethæa geognostica, Mesozoicum, Trias, Stuttgart 1905, pl. 43, fig. 2 a b c.

11.₁₅. — *Monophyllites Wengensis* (KLIPSTEIN) variété *sphærophylla* (Hauer). Carl Renz, Die mesozoischen Faunen Griechenlands : die triadischen Faunen der Argolis, Palæontographica, 1910, pl. 1, fig. 4. Cloison gr. nat. extraite de Fr. Frech, Lethæa geognostica, Mesozoicum, Trias, Stuttgart 1905, pl. 38, fig. 3 c.

12.₁₅. — *Cladiscites tornatus* (BRONN). Fr. Frech, Lethæa geognostica. Mesozoicum, Trias, Stuttgart 1905, pl. 48, fig. 2a, 2b et 2c.

V.S. — TYPES DE VÉGÉTAUX DE L'ÈRE SECONDAIRE.

(périodes Jurassique et Crétacé).

Dans l'ensemble, du Rhétien et du Lias jusqu'à la fin du Jurassique (Wealdien inclus), la végétation de l'Europe n'a pas subi de changement radical.

L'étude des flores jurassiques et infracrétacées tend à démontrer qu'il y avait alors sur tout le globe une végétation plus uniforme et dans les régions arctiques et antarctiques une température plus élevée que de nos jours.

Les Cycadophytes s'épanouissent.

Le phylum des Ptéridospermées paraît en voie d'extinction.

Dès le Mésojurassique, M. H. Thomas signale des végétaux qui présentent encore quelques caractères des Ptéridospermées primaires et qui, d'autre part, accusent des tendances angiospermiques.

Durant l'Aptien et le Mésocrétacé, les Angiospermes acquièrent un développement remarquable (A. Carpentier, *loc. cit.*).

Organismes problématiques.

1.vs. — *Cancellophycus scoparius* (THIOLLIÈRE). Bajocien : Echantillon de la Faculté libre des Sciences de Lille ; gr. nat.

Cryptogames vasculaires : Fougères.

2.vs. — *Dictyophyllum acutilobum* (BRAUN) SCHENK. Rhétien. — *a)* Echantillon un peu réduit. — *b)* Fragment grossi. Nils Johansson, Die Rhætische Flora, pl. 4, fig. 10 et 12 ; in Kungl. Svenska Vetenskapsacademiens Handlingar ; Band 63, n° 5 ; Stockholm 1922.

3.vs. — *Dictyophyllum exile* (BRAUN). Rhétien. — *a)* Face inférieure d'un fragment de pinnule ; gr. 4 fois. — *b)* un sore ; gr. 20 fois. A. G. Nathorst, Über Dictyophyllum und Camptopteris spiralis, pl. 6, fig. 20 et 21 ; in Kungl. Svenska Ventenskapsacademiens Handlingar ; Band 41, n° 5 ; Uppsala et Stockholm 1906.

4 vs. — *Matonidium Gœpperti* ETTINGSHAUSEN. Jurassique moyen. — *a)* et *b)* Echantillons gr. nat. — *c)* Fragment légèrement grossi. A. C. Seward, The Jurassic Flora Yorkshire, pl. XI, London 1900.

5.vs. — *Cladophlebis denticulata* AD. BRONGNIART. Bathonien A. C. Seward, The Jurassic Flora Yorkshire, pl. XIV, fig. 1 ; London 1900.

Phanérogames Gymnospermes : Cycadophytes.

6.vs. — *Cycadeoidea dacotensis* MACBRIDE. Eocrétacé. Coupe longitudinale schématique d'une inflorescence bisexuée, montrant à gauche une jeune fronde mâle, encore repliée sur sa face ventrale ; et à droite, une autre fronde mâle, complètement développée (d'après Wieland) 2/3 gr. nat. Pelourde, Les Progrès réalisés dans l'étude des Cycadophytes de l'époque Secondaire ; Progressus rei botanicæ,

Iéna, G. Fischer, 1916, vol. 5, fasc. 2, page 146, fig. 6. — A. Carpentier, L'origine des Angiospermes et la Paléontologie ; Revue générale des Sciences, 15 octobre 1923, p. 539.

7.vs. — *Cycadeoidea colossalis* WARD (= *dacotensis* MACBRIDE). Eocrétacé. Portion de tronc, vue latérale, 2/5 gr. nat. Wieland, American Fossil Cycads ; The Carnegie Institution of Washington, 1916, vol. II, pl. 14.

8.vs. — *Bennettites (Williamsonia) Morierei* (DE SAPORTA et MARION). Albien : Vue d'ensemble de l'appareil fructificateur. — *a)* Echantillon un peu grossi, vu par sa face brisée. *r.* = réceptacle ; *p.* = région des pédoncules ; *b.* = bractées involucrales ; *g.* = région séminifère mise à nu. — *b)* Coupe longitudinale faisant voir la région séminifère ; grossie 15 fois. *g.* = graine ; *ch.* = sommets hypertrophiés des écailles ; *p.* = pédoncules ; *b.* = bractée involucrale ; *v.* = région dans laquelle la bractée s'écarte de la surface du fruit. — *c)* Détail d'une graine, grossie 10 fois. — *d)* Section longitudinale un peu schématique d'une graine, grossie 8 fois. *n.* = nucelle ; *t. m.* = tube micropylaire ; *c. m.* = canal micropylaire ; *c. p.* = chambre pollinique ; *co.* = corpuscules ; *e. m.* = emplacement qu'occupait l'embryon ; *ch.* = chalaze ; *d. n.* = débris de nucelle ; *af.* = couche fibreuse ; *cq.* = coque ; *T. f.* = Tissu fondamental du pédoncule ; *t. ch.* = tissu charnu ; *a. r.* = assise rayonnante et tubuleuse se continuant dans le pédoncule par l'enveloppe tubuleuse *a. t.* ; *E. c.* = sommets renflés des écailles voisines. O. Lignier, Végétaux fossiles de Normandie. Mém. Soc. linn. de Normandie. 1894, vol. 18, fasc. 1, pl. V, fig. 56 ; pl. VI, fig. 65 et 67 : pl. II, fig. 28.

9 vs. — *Nilssonia polymorpga* SCHENK. Infra Lias. — *a)* Empreinte de dessous (grès de Hoer). — *b)* Fragment intégral de Færingtofta, empreinte du dessous. A. G. Nathorst, Uber die Gattung Nilssonia Brongniart, 10 mars 1909 : Kungl. Svenska Vetenskapsakademiens Handlingar Band 43, n° 12, pl. 5, fig. 9 et 13.

10.vs. — *Zamites fenconis* AD. BRONGNIART. Kimeridgien. — *a)* Fronde complète et de petite dimension ; gr. nat. — *b)* Plusieurs pinnules de la même espèce, faiblement grossies pour montrer la disposition des nervures et le mode d'insertion des pinnules à la face supérieure du rachis. De Saporta, Paléontologie française, plantes jurassiques, t. II, Paris, 1875, p. 107 ; atlas = pl. 87, fig. 1 et 2.

Phanérogames Gymnospermes : Ginkgoinées.

11.vs. — *Baiera Münsteriana* (PRESL). Rhétien-Lias : (d'après Schenk). — *a)* Feuille. — *b)* Fleurs mâles avec sacs polliniques (Stachyopitys). — *c)* Sacs fermés, agrandis. — *d)* Sacs ouverts, agrandis. — *e)* Graines correspondantes. H. Potonié et Gothan, Lehrbuch der Palæobotanik. Berlin, 1921, p. 301, fig. 239.

Phanérogames Gymnospermes : Conifères.

12.vs. — *Pagiophyllum peregrinum* (LINDLEY et HUTTON). Hettangien. — *a)* Grand spécimen, gr. nat. — *b)* Feuille grossie, montrant la carène médiane. A. C. Seward, The Jurassic Flora, London, 1904, pl. V, fig. 4 et 4 a.

13 vs. — *Sphenolepidium kurrianum* (Schenk). Wealdien : Grand spécimen avec feuilles bien conservées. A. C. Seward, The Wealden Flora, London 1895, pl. XVIII, fig. 1.

14. vs. — *Pinites Solmsi* A. C. Seward. Wealdien. — *a)* Branche avec base des feuilles et longues aiguilles. — *b)* Cône femelle avec une courte branche et des aiguilles fines. A. C. Seward, The Wealden Flora, London 1895, pl. XVIII, fig. 2 et 3.

15. vs. — *Cedrus oblonga* (Lindley et Hutton). Albien. — *a)* Strobile coupé longitudinalement. — *b)* Autre strobile, gr. nat. Fliche, Flore fossile de l'Argonne, Nancy 1896. pl. VIII, fig. 2 et 5.

Groupe des Caytoniales : plantes mésojurassiques qui, d'après H. Thomas, offrent des rapports à la fois avec les Ptéridospermées primaires et les angiospermes actuelles.

16. vs. — Feuillage probable. *Sagenopteris Phillipsi* (Ad. Brongniart). Bajocien. — *a)* Une feuille typique avec quatre pinnules attachées à un pétiole. — *b)* Portion de pinnule, grossie 4 fois 1/2, montrant la nervation. H. Hamshaw Thomas, The Caytoniales, in Philosophical Transactions of the Royal Society of London, série B, vol. 213, pl. 15, fig. 50 et 53.

17. vs. — Inflorescence. Découvertes faites par M. Hamshaw Thomas dans les lits d'argile schistoïde de la baie de Cayton (Yorkshire) d'âge bajocien. Carpelles stigmatés et ovaires clos contenant des graines, réalisant déjà au Bajocien le type « angiosperme ». — *a)* *Gristhorpia Nathorsti*. Reconstitution d'après Thomas. Jeune mégasporophylle, carpelles subopposés, gr. 8/5. — *b)* *Caytonia Sewardi*. Figure schématique d'après Thomas. Un fruit contenant des graines ; le stigmate est voisin du pédicelle, gr. 28/5. A. Carpentier. Deux découvertes remarquables en paléontologie végétale, Revue générale des Sciences, 30 mai 1925, p. 305.

Monocotylédones.

18. vs. — *Cocoopsis ovata* Fliche. Cénomanien. — 1) Graine montrant la sortie de l'embryon ; 2) Section verticale de la même passant par l'embryon ; 3) Portion de la paroi du noyau de la même espèce, emballée dans la roche. — *a)* impressions vasculaires. — *b)* face interne. — *c)* face externe. Fliche, Flore fossile de l'Argonne, Nancy 1896, pl. XIII, fig. 3, 3' et 5.

Dicotylédones.

19. vs. — *Artocarpidium Arberi* Laurent. Néocomien : Deux feuilles gr. n. mélangées à des pennes de *Cladophlebis australis* (Morris). L'une des plus anciennes empreintes de feuilles de dicotylédones dont la détermination soit incontestable. Newell Arber, The Earlier Mesozoic Floras of New Zealand, in New Zealand Geological Survey, Palæontological Bulletin n° 6, Wellington 1917, pl. XIV.

20. vs. — *Liriodendron simplex* Newberry. Crétacé : Potonié et Gothan, Lehrbuch der Palaeobotanik, Berlin 1921, p. 372, fig. 296-4.

21. vs. — *Laurus Colleti* Fliche. Cénomanien : Fliche, Flore fossile de l'Argonne, Nancy 1896, pl. XIII, fig. 6.

22. vs. — *Platanus Lævis* Velenosky. Crétacé : Potonié et Gothan, Lehrbuch der Palæobotanik, Berlin 1921, p. 376, fig. 299-1.

23. vs. — *Credneria triacuminata* Hampe. Senonien. Potonié et Gothan, Lehrbuch der Palæobotanik, Berlin 1921, p. 377, fig. 300, 2/3 gr. n.

16 — RHÉTIEN

1.₁₆. — *Terebratula gregaria* Suess. d'Orbigny (Deslongchamps), Paléontologie française, terrains jurassiques, Brachiopodes, 1863, pl. 37, fig. 1 a et 1 b ; et pl. VIII *bis*, fig. 2 a et 2 b.

2.₁₆. — *Myophoria (Trigonia) postera* (Quenstedt). Quenstedt, Der Jura, Tübingen 1858, pl. 1, fig. 2.

3₁₆. — *Mytilus minutus* Goldfuss. Goldfuss, Petrefacta Germaniæ, Dusseldorf, 1834-1840, pl. CXXX, fig. 6.

4.₁₆. — *Avicula (Pteria) contorta* Portlock (= *Gervillia striocurva* Quensted). — *a)* Quenstedt, Der Jura, Tübingen 1858, pl. 1, fig. 7 a. — *b)* Plaquette gr. nat. des environs de Castellane. Collection de M. Dubar de la Fac. libre des Sc. de Lille.

17 — HETTANGIEN

1.₁₇. — *Cardinia hybrida* (SOWERBY). Eug. Dumortier, Dépôts jurassiques du bassin du Rhône, Lias moyen, Paris 1869, pl. XXXII, fig. 1 et 2, gr. nat.

2.₁₇. — *Cardinia copides* DE RYCKHOLT. De Ryckholt, Mélanges paléontologiques, Mémoires couronnés de l'Académie Royale de Belgique, t. XXIV, 1850-1851, Bruxelles 1852, pl. VI, fig. 22 et 23, gr. nat.

3.₁₇. — *Pecten Valoniensis* DEFRANCE. Eug. Dumortier. Dépôts jurassiques du bassin du Rhône, Infra-lias, Paris 1864, pl. IX, fig. 1. Valve droite, grand exemplaire, de Valognes gr. nat.

4.₁₇. — *Psiloceras planorbis* (SOWERBY). Individu adulte privé d'une partie de son test. Le test est orné de côtes irrégulières très fines tandis que le moule montre des côtes beaucoup plus grosses. Bayle, Explic. Carte géol. France, Paris 1878, pl. LXV, fig. 2.

5.₁₇. — *Schlotheimia angulata* (SCHLOTHEIM). — *a)* Echantillon montrant l'effacement graduel des côtes près de l'ombilic sur le dernier tour. Bayle, Explic. Carte géol. France, Paris 1878, pl. LXV, fig. 1. Serait synonyme de *Schlotheimia depressa* (WÄHNER) d'après Dr J. F. Pompeckj, Beiträge zu einer Revision des Ammoniten des Schwäbischen Jura, Lieferung I, p. 78, Stuttgart 1893. — *b)* Aspect ventral d'un autre individu. Eug. Dumortier, Dépôts jurassiques du bassin du Rhône, Infra-lias, pl. XIX, fig. 3.

18 — SINÉMURIEN

1.₁₈. — *Arietites rotiformis* (Sowerby) (= *Coroniceras rotiforme*). — *a)* Aspect de profil. — *b)* Suture. — *c)* Aspect ventral. Reynès, Monographie des ammonites, 1re partie, Lias inférieur, Paris 1867, pl. VIII, fig. 2, 3 et 6, gr. nat.

2.₁₈. — *Lima gigantea* Sowerby. — *a)* Individu de taille moyenne, gr. nat. — *b)* Région cardinale. Bayle, Explic. Carte géol. France. Paris 1878, pl. CXXIII, fig. 1 et 2.

3.₁₈. — Dent d'*Hybodus reticulatus* Agassiz. Lias inférieur de Lyme Regis, Angleterre, d'après Karl A. von Zittel, Grundzüge der Palæontologie, München und Leipzig 1895, p. 535, fig. 1433 b.

4.₁₈. — *Arietites (coroniceras) bisulcatus* (Bruguière) (= *Arietites Bucklandi* (Sowerby). Figure extraite d'Orbigny, Paléontologie française, terrains jurassiques, t. I, Paris 1842, p. 187, pl. 43, fig. 1 et 2 gr. nat., fig. 3, gr. 2 fois.

5.₁₈ — *Arietites (= Coroniceras) Bucklandi* (Sowerby). — *a)* et *b)* Au 1/4 gr. nat. *c)* Suture, 1/2 gr. nat. Figures extraites de Buckman, Type Ammonites, London 1919, XIXe partie, pl. CXXXI.

.₁₈. — *Gryphæa arcuata* (Linné). — *a)* Courbure du crochet de la valve gauche et valve droite operculaire. — *b)* Côté postérieur. Sillon qui divise la surface extérieure de la valve gauche en deux lobes inégaux. — *c)* Extérieur de la valve gauche. Bayle, Expl. Carte géol. France, Paris, 1878, pl. CXXVI, fig. 3, 4.

7.₁₈. — *Cardinia sublamellosa* d'Orbigny (= *Cytherea lamellosa* Goldfuss). Goldfuss, Petralacta Germaniæ, Dusseldorf 1834-1840, pl. CXLIX, fig. 8 b c.

8.₁₈. — *Pentacrinus tuberculatus* Miller. — *a)* Tige, gr. nat. — *b)* et *c)* Surface articulaire, grossie 2 fois, du même échantillon. — *d)* et *e)* Autres tiges de gr. nat. Eug. Dumortier, Dépôts jurassiques du bassin du Rhône, Lias inférieur, Paris 1867, pl. L, fig. 9, 10, 11, 12 et 13.

9.₁₈. — *Spiriferina Walcotti* (Sowerby). Davidson, A Monograph of the British Fossil Brachiopoda. Palæontographical Society, London 1874-1882, pl. III, fig. 2, 2 a, 2 b.

10.₁₈. — *Arnioceras semicostatum* (= *geometricum*) (Young et Bird). Vue latérale et profil en gr. nat. Suture grossie 3 fois. Buckman, Yorkshire Type Ammonites, London 1918, XVIe partie, pl. CXII, fig. 1, 2 et 3.

19 — LOTHARINGIEN (SINÉMURIEN SUPÉRIEUR)

1.₁₉. — *Deroceras Birchi* (Sowerby). Fragment gr. nat. d'un échantillon de la collection P. de Givenchy (Lyme Regis, Angleterre).

2.₁₉. — *Asteroceras obtusum* (Sowerby). Quenstedt, Die Ammoniten des Schwäbischen Jura, Stuttgart 1883-1885, pl. 19, fig. 3 et k.

3.₁₉. — *Pachyteuthis acuta* (Miller) (= *Belemnites acutus*). Individu de taille moyenne, vu de côté. Bayle, Explic. Carte géol. France, Paris 1878, pl. XXVI, fig. 5.

4.₁₉. — *Pachyteuthis brevis* (Blainville). — *a)* Rostre d'un individu adulte. — *b)* Rostre d'un jeune individu, vu de côté. — *c)* Section longitudinale du rostre d'un individu adulte, vu du côté gauche. Le moule du cône chambré, qui n'a pas été scié, montre la trace des cloisons ; on en a enlevé la pointe, et on distingue à l'extrémité de la cavité qui la contient la première loge sphérique embryonnaire. Bayle, Explic. Carte géol. France, Paris 1878, pl. XXVI, fig. 6, 7 et 8.

5.₁₉. — *Oxynoticeras oxynotum* (Quenstedt). Quenstedt, Die Ammoniten des schwäbischen Jura, Stuttgart 1883-1885, pl. 22, fig. 28 et 29, gr. nat.

6.₁₉. — *Gryphæa obliquata* Buvignier non Sowerby. Buvignier, Statistique géologique du département de la Meuse, Paris 1852, atlas, pl. V, fig. 3 et 4.

7.₁₉. — *Ægoceras planicosta* (Sowerby). Eug. Dumortier, Dépôts jurassiques du bassin du Rhône, Lias inférieur, Paris 1867, pl. XXV, fig. 1, 2, 3, gr. nat.

8.₁₉. — *Echioceras raricostatum* (Zieten). — *a)* et *b)* Individu adulte, gr. nat. — *c)* Jeune individu. — *d)* Suture grossie 5 fois. D'Orbigny, Paléontologie française, terrains jurassiques, t. 1, Paris 1842, p. 213, pl. 54, fig. 1, 2, 3 et 4.

20 — PLIENSBACHIEN (CHARMOUTHIEN INFÉRIEUR)

1.₂₀. — *Deroceras armatum* (Sowerby). Le test de cet individu n'a pas été conservé ; le moule montre la base de la rangée d'épines situées sur chaque côté de la région ventrale et qui devaient être très saillantes. Bayle, Explic. Carte Géol. France, Paris 1878, pl. L, fig. 3.

2.₂₀ — *Zeilleria numismalis* (Lamarck). — *a)* Extérieur de la valve ventrale, gr. nat. — *b)* Même individu, vu de côté, pour faire voir sa forme aplatie. Bayle, Explic. Carte géol. France, Paris 1878, pl. IX, fig. 1 et 3.

3.₂₀. — *Mytilus scalprum* (Goldfuss). Goldfuss. Petrefacta Germaniae, Dusseldorf 1834-1840, pl. CXXX, fig. 9.

4.₂₀. — *Spiriferina rostrata* (Schlotheim) (= *Sp. pinguis* Zieten, non *Sp. pinguis* Sow.). Davidson, A Monograph of the British Fossil Brachiopoda, Palæontographical Society, London 1874-1882, pl. II, fig. 7, 8 et 9.

5.₂₀. — *Belemnites clavatus* de Blainville (Schlotheim, d'après Dumortier). — *a)* Côté ventral. — *b)* Côté latéral. — *c)* Coupe de l'ouverture. Eug. Dumortier, Dépôts jurassiques du bassin du Rhône, Lias moyen, Paris 1869, pl. III, fig. 17, 18 et 19.

6.₂₀. — *Tropidoceras (Cycloceras) Valdani* (d'Orbigny) (= *bicostatus* [Oppel]), — *a)* et *b)* Individu gr. nat. — *c)* Suture grossie 4 fois. D'Orbigny. Paléontologie française, terrains jurassiques, t. I, Paris 1842, p. 255, pl. 71, fig. 1, 2 et 3.

7.₂₀. — *Plicatula (Harpax) pectinoides* (Lamarck) (= *Plicatula spinosa* auctorum). Eug. Dumortier, Dépôts jurassiques du bassin du Rhône, Lias moyen, Paris 1869, pl. XL, fig. 6, 7 et 8, gr. nat.

8.₂₀. — *Unicardium Janthe* d'Orbigny. D'Orbigny, Types du prodrome de paléontologie stratigraphique universelle, in Annales de Paléontologie, publiées sous la direction de Marcellin Boule, t. III, Paris 1908, p. 45, pl. XII, fig. 19, 20 et 21. — *a)* Valve droite. — *b)* Côté postérieur. — *c)* Crochets, gr. nat.

9.₂₀. — *Phylloceras Ibex* (Quenstedt). Quenstedt, Die Ammoniten des schwäbischen Jura, Stuttgart 1883-1885, pl. 37, fig. 15 et 16, gr. nat.

10.₂₀. — *Polymorphites Jamesoni* (Sowerby). Quenstedt. Die Ammoniten des schwäbischen Jura, Stuttgart 1883-1885, pl. 31, fig. 7 et m.

21 — DOMÉRIEN (CHARMOUTHIEN SUPÉRIEUR)

1.₂₁. — *Gryphœa cymbium* DESHAYES. — *a)* Individu adulte bivalve Le crochet de la valve gauche montre la surface par laquelle la coquille est fixée. — *b)* Vu par la valve gauche. Bayle, Explic. Carte géol. France, Paris 1878, pl. CXXVI, fig. 1 et 2. — *c)* Fragment grossi de la surface externe. Buvignier, Statistique géologique du département de la Meuse, Paris 1852, atlas, pl. V, fig. 7.

2.₂₁. — *Pleurotomaria anglica* (SOWERBY). — *a)* Individu gr, nat. — *b)* Un morceau grossi de la surface. Goldfuss, Petrefacta Germaniæ, Dusseldorf 1841-1844, pl. CLXXXIV, fig. 8 a b.

3.₂₁. — *Lytoceras fimbriatum* (SOWERBY). — Echantillon reproduit en gr. nat. Buckman, Yorkshire Type Ammonites, vol. II, Part. XVIII, London 1919, pl. CXXXᴰ, fig. 1 et 2.

4.₂₁. — *Pentacrinus basaltiformis* MILLER. Eug. Dumortier, Dépôts jurassiques du bassin du Rhône, Lias moyen, Paris 1869, pl. XXIII, fig. 15, 16 et 17, gr. nat.

5.₂₁. — *Liparoceras (Ægoceras) Bechei* (SOWERBY). Wright, The Lias Ammonites. Palæontographical Society, London 1878-1886, pl. XLI, fig. 3 et 4, gr. nat.

6.₂₁. — *Ægoceras capricornu* (SCHLOTHEIM). *a)* Individu adulte, dont le test, bien conservé, laisse voir les stries fines situées entre les grosses côtes. Bayle, Explic. Carte géol. France, Paris 1878, pl. L, fig. 2. — *b)* Autre individu, gr. nat. vu du côté de la bouche. D'Orbigny, Paléontologie française, terrains jurassiques, t. I, Paris 1842, pl. 65, fig. 2 gr. nat.

7.₂₁. — *Deroceras Dawœi* (SOWERBY). Exemplaire adulte montrant la disparition des tubercules sur le dernier tour. Bayle, Explic. Carte géol. France, Paris 1878, pl. L, fig. 1.

8.₂₁. — *Belemnites paxillosus* SCHLOTHEIM. Zieten, Die Versteinerungen Württembergs, Stuttgart 1830, p. 29, pl. XXIII, fig. 1 a b c d.

9.₂₁. — *Zeilleria cornuta* (SOWERBY). Deslongchamps, Paléontologie française, terrains jurassiques, Brachiopodes, Paris 1862, pl. 18, fig. 3a et 3b, gr. nat.

10.₂₁. — *Grammoceras normanianum* (D'ORBIGNY). Individu gr. nat. vu de côté et par la bouche. Suture grossie 3 fois. D'Orbigny, Paléontologie française, terrains jurassiques, t. I, Paris 1842, p. 291, pl. 88, fig. 1, 2 et 3.

11.₂₁. — *Pseudopecten æquivalvis* (SOWERBY). Echantillon type montrant nettement que les fines stries des sillons ne franchissent pas les côtes saillantes. Sowerby, The Min. Concho. 1818, vol. II, pl. 136, fig. 1 gr. nat.

12.₂₁. — *Terebratula punctata* Sowerby. Davidson, A Monograph of the British Fossil Brachiopoda, London, Palæontographical Society, 1874-1882, vol. IV, pl. VI, fig. 2, 2a, 2b.

13.₂₁. — *Zeilleria quadrifida* (Lamarck). Deslongchamps, Paléontologie française, terrains jurassiques, Brachiopodes, Paris 1862, pl. 15, fig. 3 gr. nat.

14.₂₁. — *Amaltheus margaritatus* Montfort. Jeune individu remarquable par les pointes que les premiers tours de spire présentent en leur milieu. Bayle, Explic. Carte géol. France, Paris 1878, pl. XCIII, fig. 2.

15.₂₁. — *Amaltheus spinatus* (Bruguière). Jeune individu dont les côtes se terminent par deux tubercules inégaux. Bayle, Explic. Cart. géol. France, Paris 1878, pl. XCIV, fig. 2.

16.₂₁. — *Rhynchonella acuta* (Sowerby). Davidson, A Monograph of the British Fossil Brachiopoda, Palæontographical Society, London 1874-1882, pl. XIV, fig. 8, 8a et 8b.

22 — TOARCIEN

1 22. — *Harpoceras falciferum* (Sowerby). Reynès, Monographie des Ammonites, Lias supérieur, Paris 1867, pl. II, fig. 9.

2 22. — *Posidonomya Bronni* Voltz. — *a)* Individu gr. nat. — *b)* Fragment grossi. Goldfuss, Petrefacta Germaniæ, Dusseldorf 1834-1840, pl. CXIII, fig. 7.

3 22. — *Astarte subtetragona* Munster (Goldfuss, d'après Dumortier). Eug. Dumortier, Dépôts jurassiques du bassin du Rhône, Lias supérieur, Paris 1874, pl. XL, fig. 5 et 6, gr. nat.

4 22. — *Leda rostralis* (Lamarck . — *a)* Individu gr. nat. — *b)* Individu grossi. Goldfuss, Petrefacta Germaniæ, Dusseldorf 1834-1840, pl. CXXV, fig. 8.

5. 22. — *Cerithium armatum* Goldfuss. Goldfuss, Petrefacta Germaniæ, Dusseldorf 1841-1844, pl. CLXXIII, fig. 7, grossi 5 fois.

6. 22. — *Dactylioceras commune* (Sowerby). Individu gr. nat. vu de profil et de côté. Suture grossie 4 fois. D'Orbigny, Paléontologie française, terrains jurassiques, t. I, Paris 1842, p. 336, pl. 108, fig. 1, 2 et 3.

7. 22 — *Cœloceras subarmatum* Young et Bird. Eug. Dumortier. Dépôts jurassiques du bassin du Rhône, Lias supérieur. Paris 1874, pl. XXVIII, fig. 6 et 7.

8. 22. — *Lytoceras cornucopiæ* (Young et Bird) (= *fimbriatum* (Zieten). Individu 1/2 gr. nat. vu de côté et par la bouche. Suture gr. nat. D'Orbigny, Paléontologie française, terrains jurassiques, t. I, Paris 1842, p. 316, pl. 99, fig. 1, 2 et 3. — *a)* Jeune individu.

9. 22. *Astarte Voltzi* Hœninghays. Quenstedt, Der Jura, Tübingen 1858, pl. XLIII, fig. 13, 14, 15, gr. nat.

10. 22. *Nucula Hammeri* Defrance. — *a) b) c)* Trois aspects d'un même individu adulte. — *f)* Un grand exemplaire. Goldfuss, Petrefacta Germaniæ, Dusseldorf, 1834-1840. pl. CXXV, fig. 1 a b c et f.

11. 22. — *Belemnites tripartitus* Schlotheim. — *a)* Vue de face. — *b)* Vue de côté. — *c)* Vue d'une cloison. — *d)* Fragment d'un rostre montrant le cône alvéolaire. Eug. Dumortier, Dépôts jurassiques du bassin du Rhône, Lias supérieur, Paris 1874, pl. II, fig. 2, 5, 6 et 7.

12 22. — *Hildoceras (Harpoceras) bifrons* (Bruguière). — *a)* Individu de taille moyenne ayant conservé quelques fragments de son test, vu de côté, montrant le bord de 4 cloisons. — *b)* Le même, vu de trois quarts, pour montrer la carène ventrale et le méplat qui l'accompagne de chaque côté. Bayle, Explic. Cart. géol. France, Paris 1878, pl. LXXXVI, fig. 1 et 2.

13. 22 — *Grammoceras striatulum* (Sowerby) (= *Grammoceras toarcense* (d'Orbigny). Sowerby, The Min. Concho. London 1825, vol. V, pl. 421, fig. 1.

14.₂₂. — *Lytoceras jurense* (Zieten). Quenstedt, Die Ammoniten des schwäbischen Jura, Stuttgart 1883-1885, pl. 47, fig. 2 s, p, l.

15.₂₂. — *Belemnites irregularis* Schlotheim (= *Belemnites digitalis* Blainville). *a)* Stries et ombilic de la pointe. — *g)* Rainure. — *l)* Aspect latéral. — *v)* Aspect ventral. — *s)* Section transversale de la région alvéolaire. John Phillips, A Monograph of British Belemnitidæ, Palæontographical Society, London 1865, pl. XV, fig. 37 a, g, l, v et s., gr. nat.

16.₂₂. — Piquant de nageoir d'*Hybodus reticulatus* Agassiz. — *a)* Vu d'arrière. — *b)* Vu de profil, 1/2 gr. nat. Karl A. von Zittel, Grundzüge der Palæontologie, München und Leipzig 1895, fig. 1395.

17.₂₂. — *Pseudogrammoceras fallaciosum* (Bayle). — *a)* Individu de gr. nat., vu de côté. Le test, bien conservé, montre les larges côtes flexueuses dont il est orné. Le dernier tour présente la carène ventrale. — *b)* Le même, vu de trois quarts, pour montrer la forme de l'ouverture et la carène ventrale. Bayle, Explic. Carte géol. France, Paris, 1878, pl. LXXVIII, fig. 1 et 2.

18.₂₂. — *Hammatoceras insigne* (Schubler). Wright, The Lias Ammonites, Palæontographical Society, London 1878-1886, pl. LXV, fig. 1 et 2, gr. nat.

23 — AALÉNIEN

1.₂₃. — *Dumortieria Levesquei* (D'ORBIGNY) (= *Dumortiera solaris* (ZIETEN). Individu gr. nat. vu de côté et par la bouche. Suture grossie 3 fois. D'Orbigny, Paléontologie française, terrains jurassiques, t. I, Paris 1842, page 230, pl. 60, fig. 1, 2 et 3 (appelé à tort : A. solaris).

2.₂₃. — *Dumortieria (Grammoceras) radians* (REINECKE). Buckman, A Monograph of the Ammonites of the inferior oolite séries, Palæontographical Society, London 1887-1907, vol. I, atlas pl. XLI, fig. 4, 5 et 6, gr. nat.

3.₂₃. — *Trigonia pulchella* AGASSIZ. Agassiz, Mémoire sur les Trigonies, Neufchâtel 1840, pl. II, fig. 1, 2, 3 et 4, gr. nat.

4.₂₃ — *Turbo subduplicatus* d'ORBIGNY. — *a)* Variété à 1 pli ; grossi 1 f. 1/2. — *b)* Variété à 2 plis ; grossi 1 f. 1/2. D'Orbigny, Paléontologie française, terrains jurassiques, Gastéropodes, pl. 323, fig. 2 et 5.

5.₂₃. — *Turbo capitaneus* MUNSTER. D'Orbigny, Paléontologie française, terrains jurassiques. Gastéropodes, pl. 329, fig. 7, gr. nat.

6.₂₃. — *Gryphœa (Ostrea) Beaumonti* (RIVIÈRE) (= *Ostrea pictaviensis* HÉBERT) (= *Ostrea Knorri* VOLTZ, ZIETEN, d'après d'Orbigny). — *a)* Grande valve vue par l'intérieur ; grand exemplaire, gr. nat. — *b)* Une grande valve d'un autre individu vue par l'extérieur, gr. nat. — *c)* Une autre grande valve vue de trois quarts et montrant la surface plane par laquelle la coquille est fixée, gr. nat. — *d)* Une petite valve, vue par l'extérieur, gr. nat. Echantillons provenant des carrières de Vrines (Thouars). Collection de M. Welsch.

7.₂₃. — *Rhynchonella cynocephala* (RICHARD). Le nombre des plis latéraux varie, non seulement d'une coquille à l'autre, mais encore d'un côté à l'autre de la même coquille. Ils sont le plus ordinairement au nombre de 3 ou 4. Richard, Note présentée à la Soc. Géol. France le 6 avril 1840. Bull. Soc. Géol. Fr., t. XI, 1839-1840, p. 263, pl. III, fig. 5 a b c.

8.₂₃. — *Gryphœa sublobata* (DESHAYES). Individu de petite taille, grand. nat. Ed. Greppin, Description des fossiles du bajocien supérieur des environs de Bâle 1898. Mém. Soc. pal. Suisse, pl. 16, fig. 7 et 7 a.

9.₂₃. — *Pleydellia Aalensis* (ZIETEN). Zieten. Die Versteinerungen Württembergs Stuttgart 1838, p. 37, pl. XXVIII, fig. 3 a b c.

10.₂₃. — *Lioceras opalinum* (REINECKE) (= *Ludwigia opalina*) Jeune individu aux côtes fines et serrées. Bayle, Explic. Carte géol. France, Paris, 1878, pl. LXXX, fig. 6.

11.₂₃. — *Trigonia navis* LAMARCK. — *a)* Echantillon gr. nat. Agassiz, Mémoire sur les Trigonies, Neufchâtel 1840, pl. I, fig. 11. — *d)* Schéma de charnière, valve droite, *Tr. similis* AGASSIZ. — *g)* Schéma de charnière, valve gauche, *Tr. similis* AGASSIZ. Henri Douvillé, Classification des Lamellibranches, Bull. Soc. Géol. Fr., 4e série, t. XII, 1912, fasc. 7, p. 446, fig. 22 et 23.

12.23. — *Gryphæa ferruginea* Terquem. — *a)* et *b)* Une valve gauche. — *c)* Valve droite. — *d)* Charnière. Benecke, Die Versteinerungen der Eisenerzformation von Deutsch-Lothringen und Luxemburg. Geologischen Spezialkarte von Elsass-Lothringen Neue Folge. Heft. VI, Atlas, Strasbourg 1905, pl. XI, fig. 1, 1 a, 2 et 3.

13.23. — *Ludwigia (Harpoceras) Murchisonæ* (Sowerby). Fragment gr. nat. de la figure type donnée par Sowerby. The Min. Concho. vol. VI, pl. 550.

14.23. — *Terebratula perovalis* Sowerby. Davidson, A Monograph of the British Fossil Brachiopoda, Palæontographical Society, London 1851-1852, pl. X, fig. 1 a et 1 b. Spécimen original se trouvant dans la collection de J. de C. Sowerby. Gr. nat.

15.23. — *Pecten pumilus* Lamarck (variété du Var). — *a)* Une valve droite, lisse, gr. nat. — *b)* Une valve gauche costulée, gr. nat. — *c)* Portion de surface, grossie. — *d)* Vue de profil de la figure *a)*. — *e)* Une valve gauche, laissant voir une partie des lignes rayonnantes de la surface intérieure. Eug. Dumortier, Dépôts jurassiques du bassin du Rhône, Lias supérieur, Paris 1874, pl. XLIV, fig. 1 à 5.

16.23. — *Pecten personatus* Goldfuss. — *a)* Face externe de la valve gauche, gr. nat. — *c)* Face interne de la même. — *d)* Valve droite, gr. nat. Goldfuss, Petrefacta Germaniæ, Dusseldorf 1834-1840, pl. IC, fig. 5 a c d.

17.23 — *Harpoceras concavum* (Sowerby). Buckman, A Monograph of the Ammonites of the inferior oolite series, Palæontographical Society, London 1887-1907, vol. I, atlas pl. II, fig. 6 et 7, gr. nat.

LAVAL. — IMPRIMERIE BARNÉOUD.

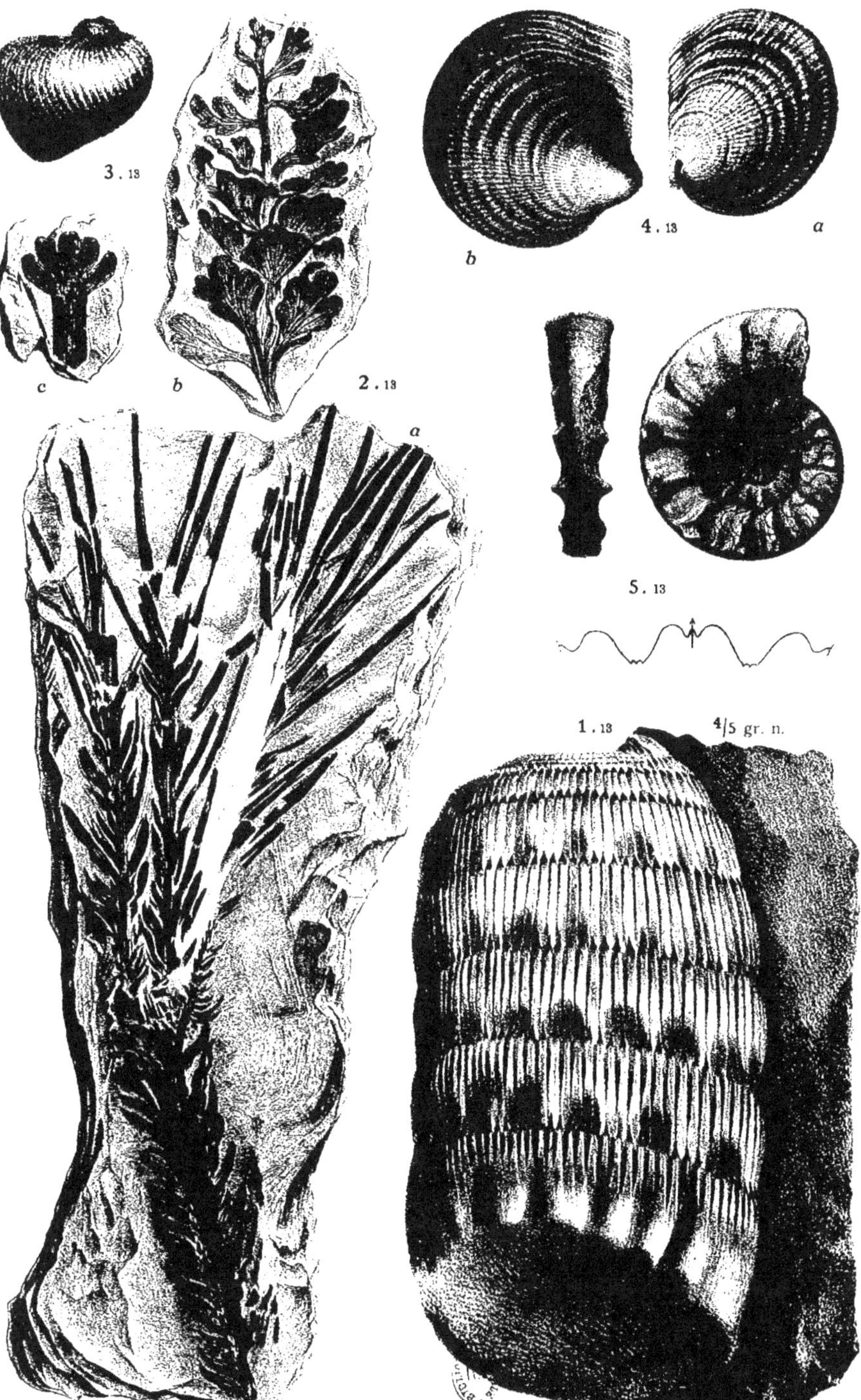

3. 13
c
b
2. 13
a
4. 13
b
a
5. 13
1. 13
4/5 gr. n.
37

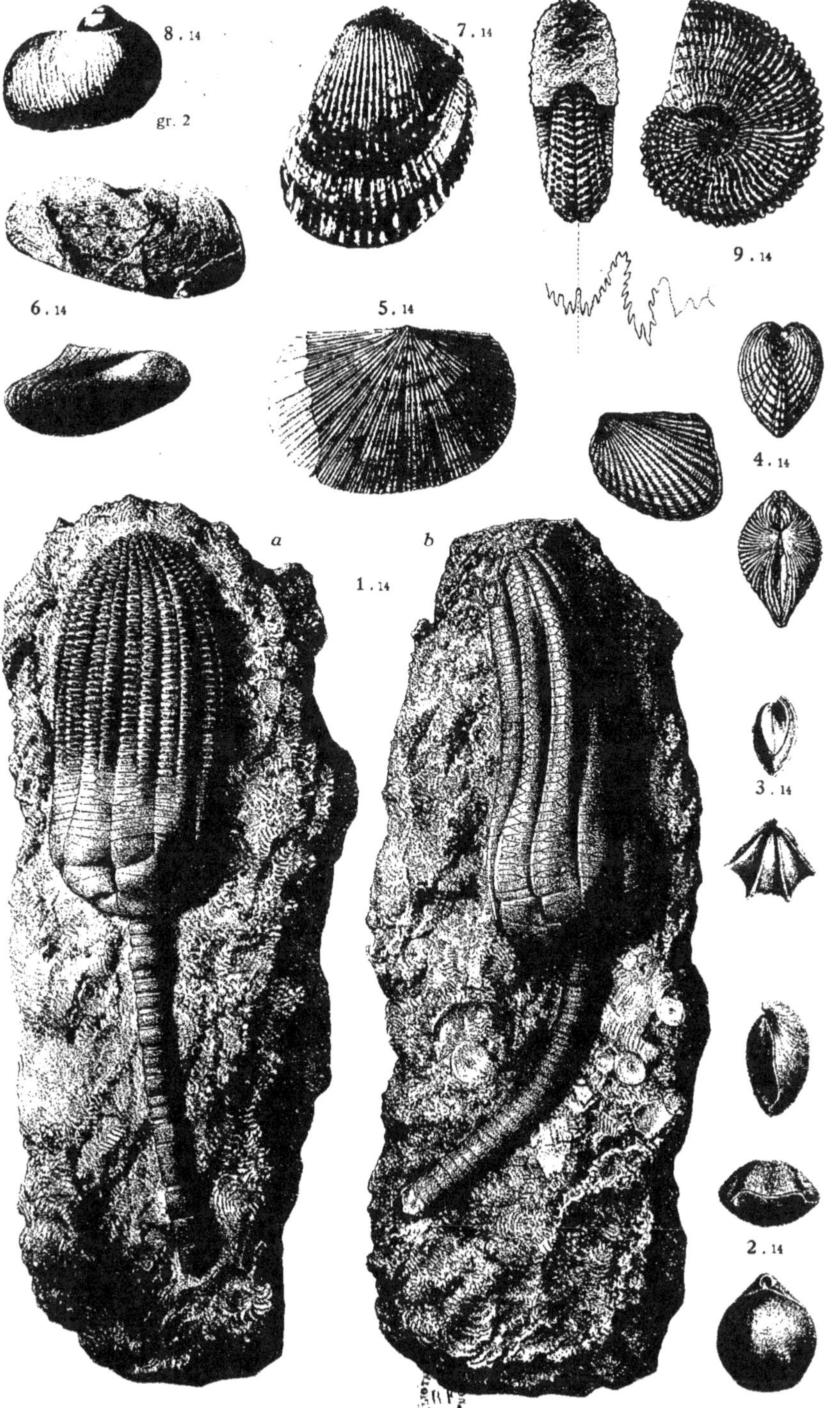

Imp. Tortellier et Cie, Arcueil (Seine)

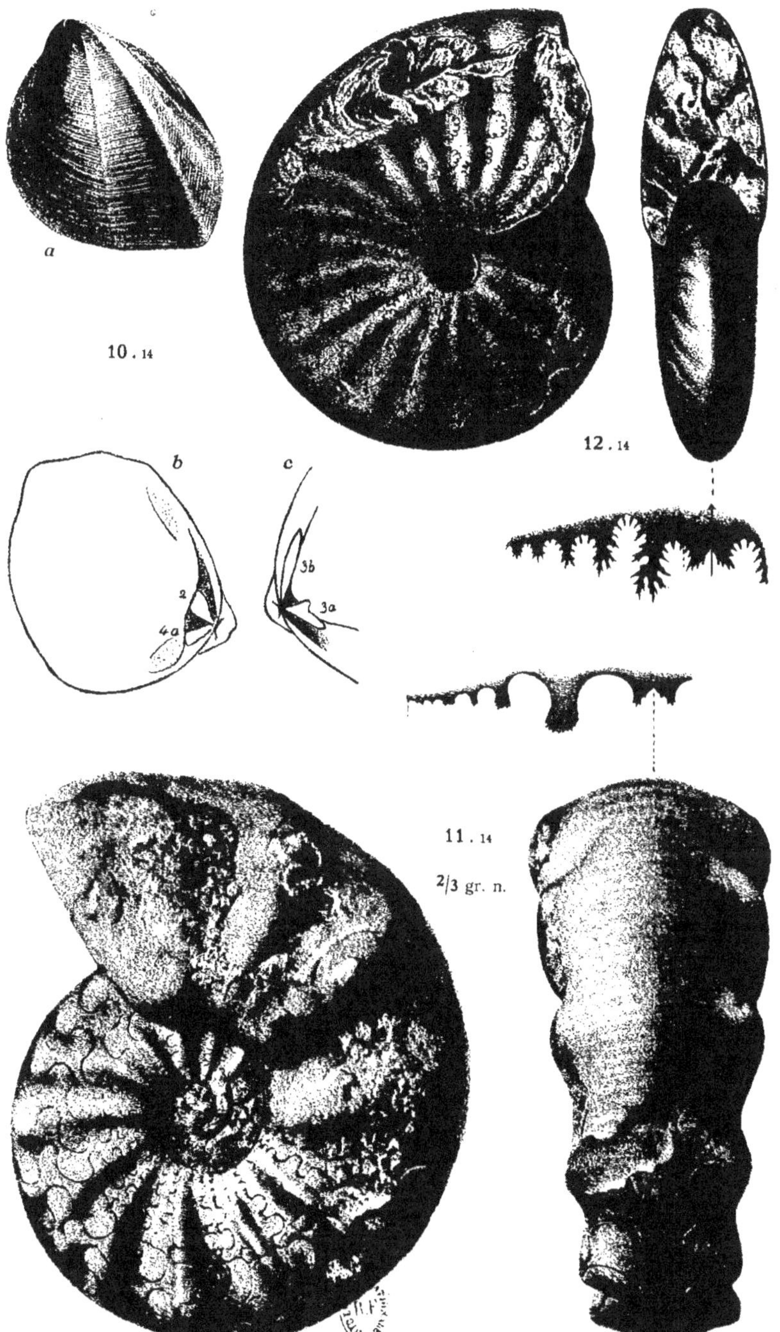

Imp. Tortellier et Cie. Arcueil (Seine)

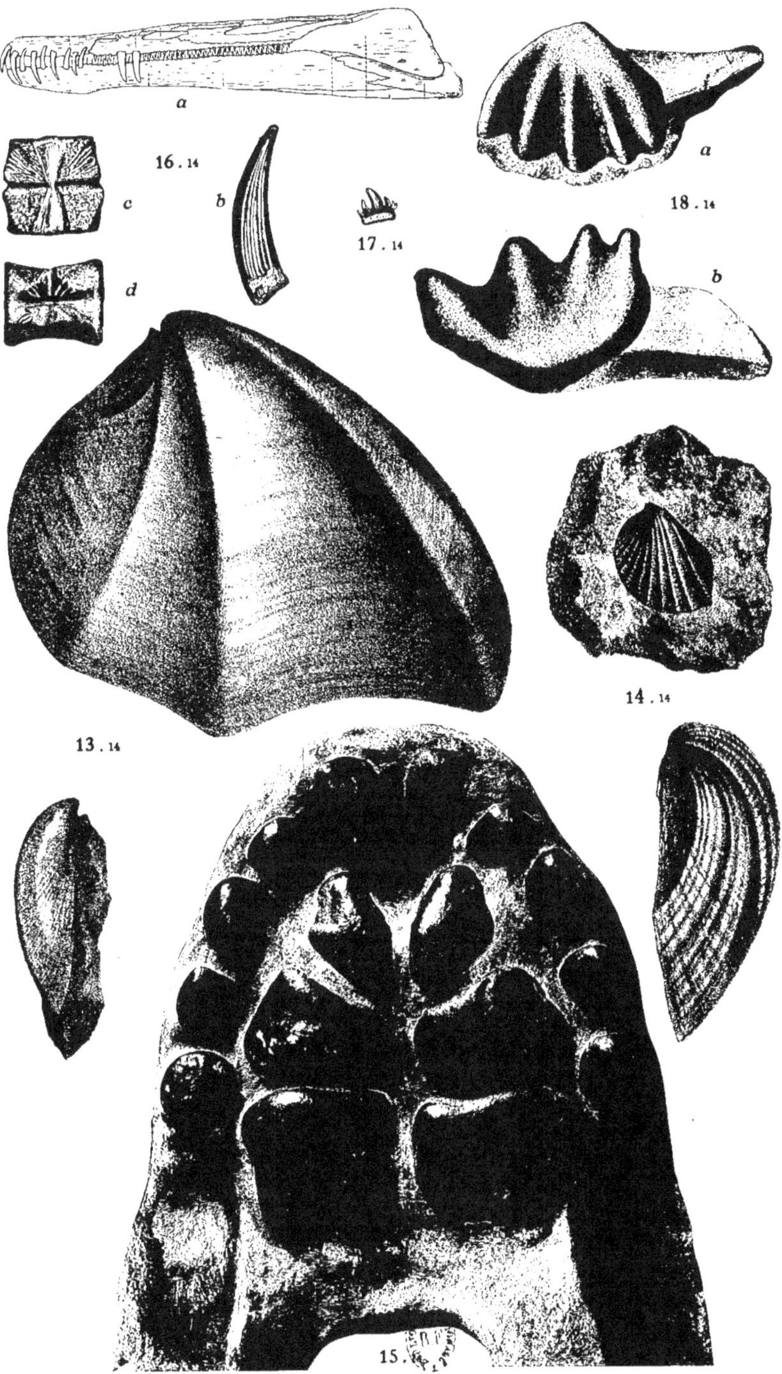

a
16.14
c
d
b
17.14
a
18.14
b
13.14
14.14
15.
40

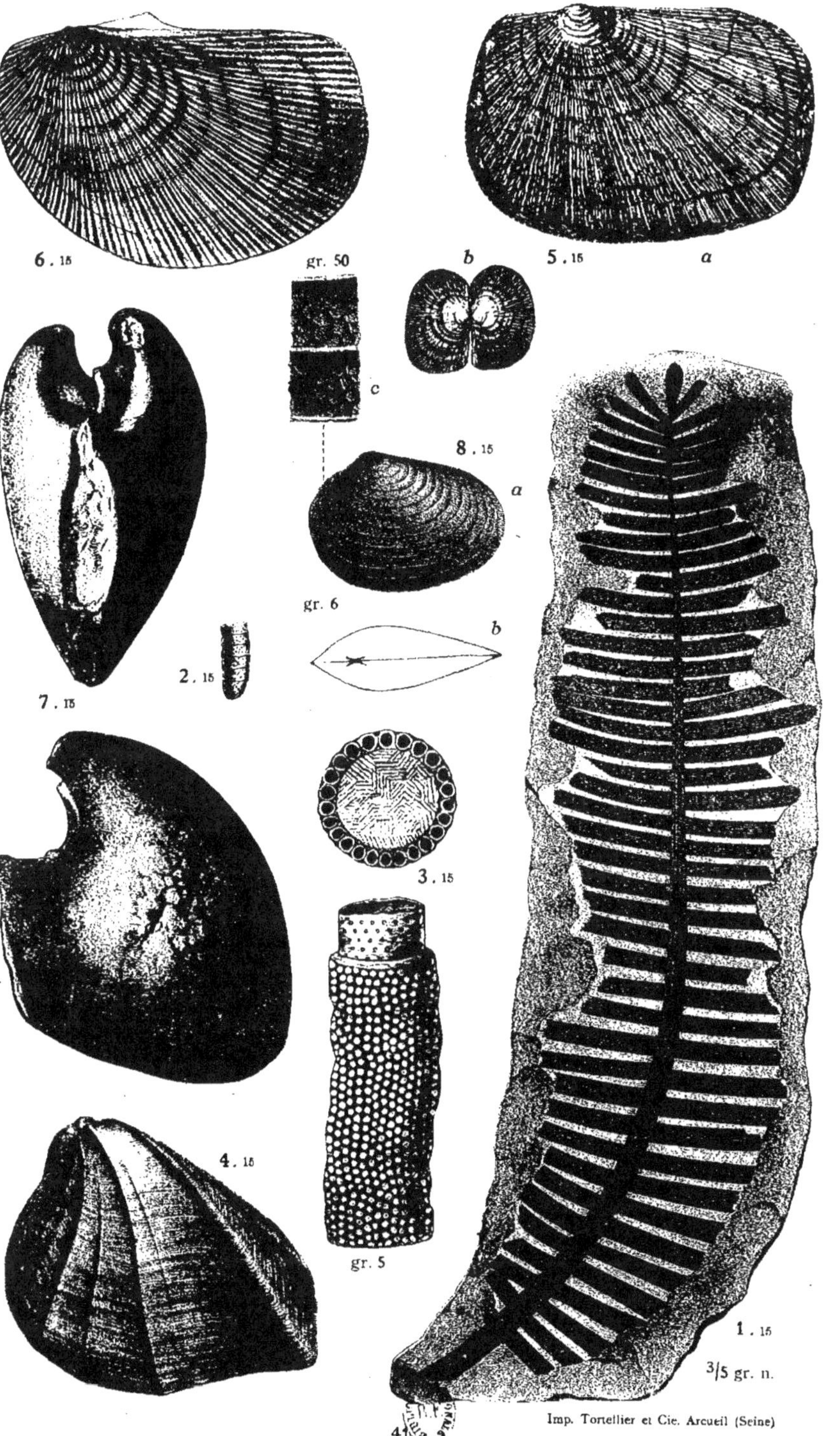

6 . 15

5 . 15   a

gr. 50   b

c

8 . 15   a

gr. 6   b

2 . 15

7 . 15

3 . 15

4 . 15

gr. 5

1 . 15

3/5 gr. n.

Imp. Tortellier et Cie. Arcueil (Seine)

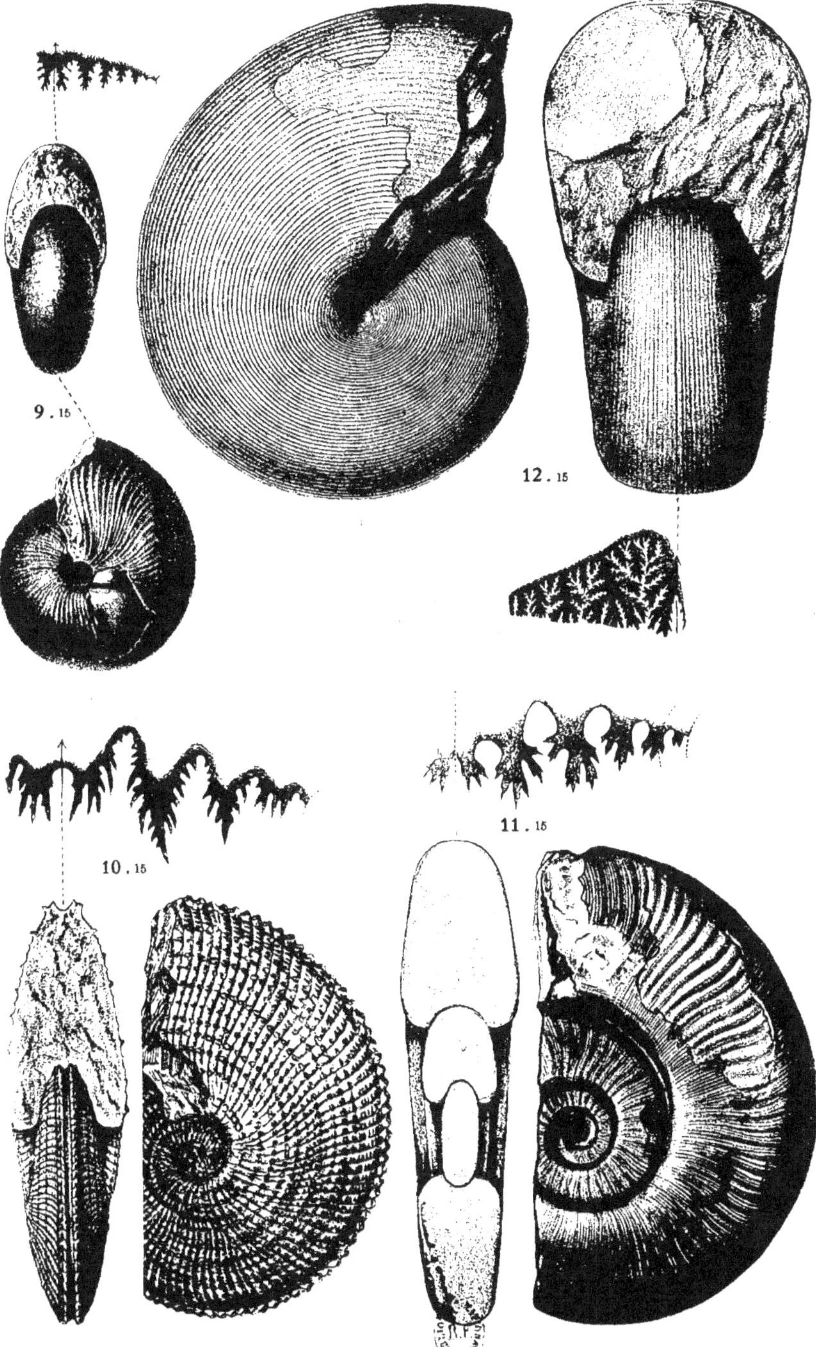

9.15
12.15
10.15
11.15
42
Imp. Tortellier et Cie, Arcueil (Seine)

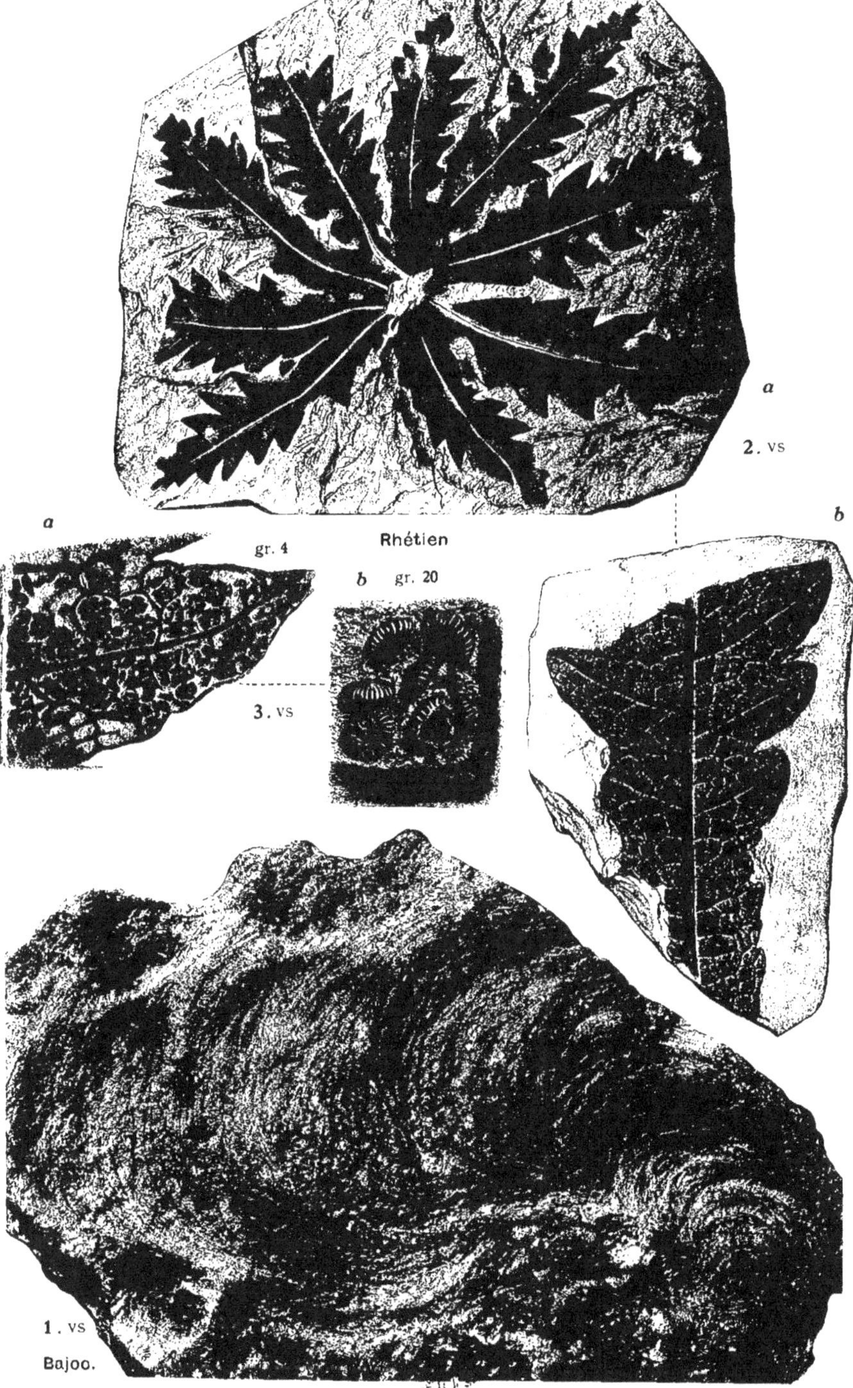

a
2. vs
a   gr. 4
b   gr. 20
b
Rhétien
3. vs
1. vs
Bajoo.

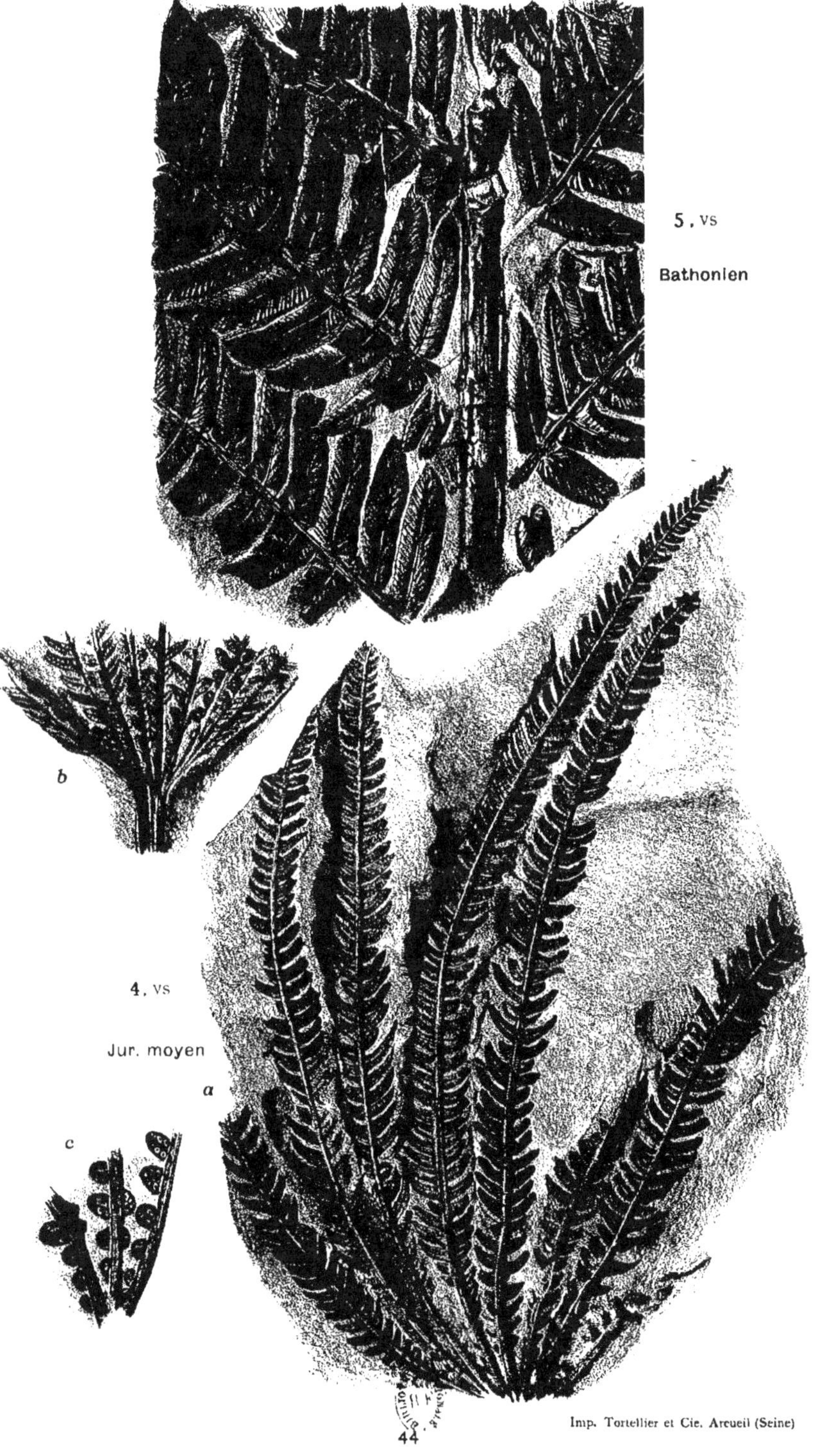

Imp. Tortellier et Cie. Arcueil (Seine)

44

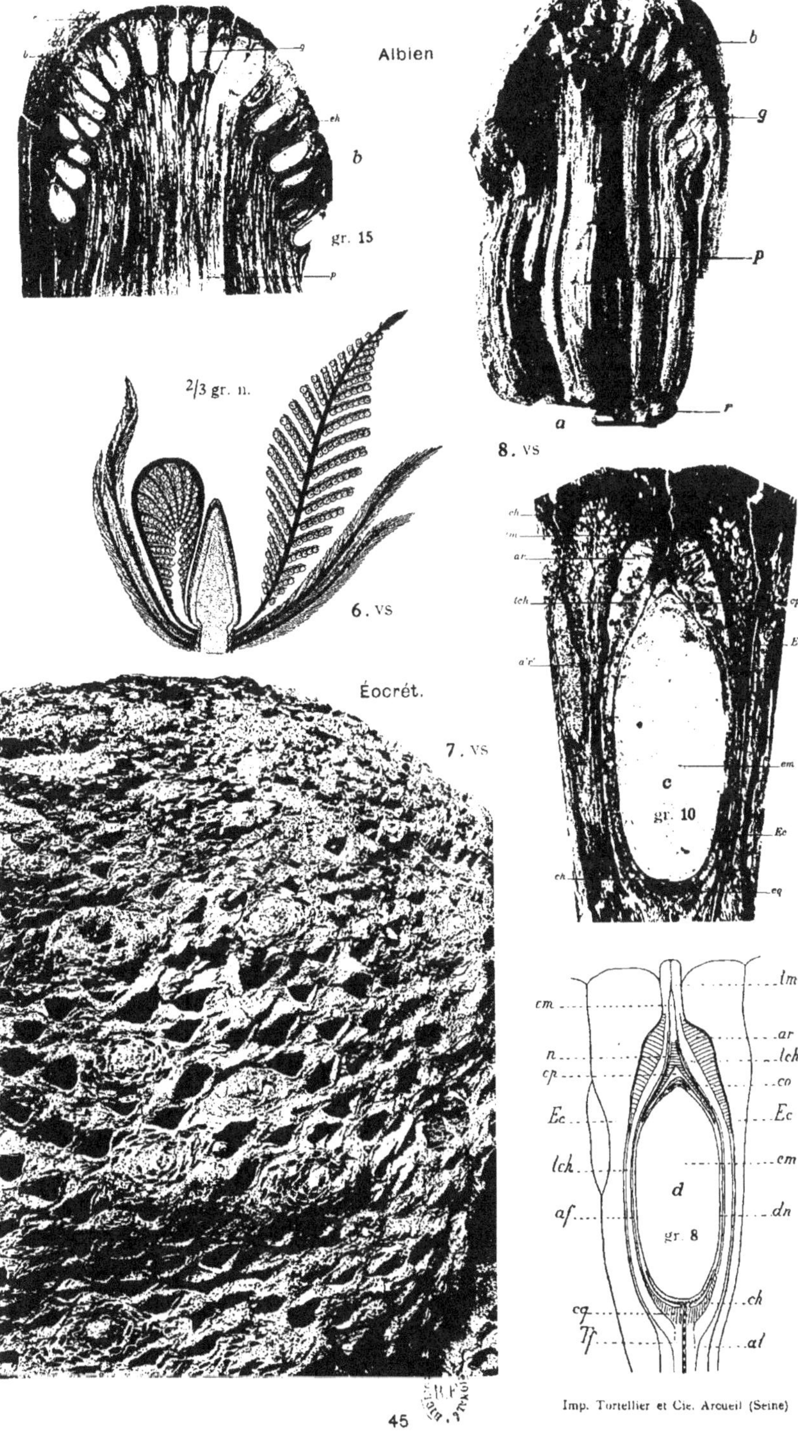

Albien
b
g
eh
b
gr. 15
p
2/3 gr. n.
a
b
g
p
p
8. vs
6. vs
ch
em
ar
lch
cp
Ec
a'r'
em
c
gr. 10
Ec
Éocrét.
ch
eq
7. vs
lm
em
ar
n
lch
cp
co
Ec
Ec
lch
em
af
dn
d
gr. 8
cg
ch
Tf
al

Kimérid.
b
10. vs
a
b
a
9. vs
Infra-Lias

46

Imp. Tortellier et Cie. Arcueil (Seine)

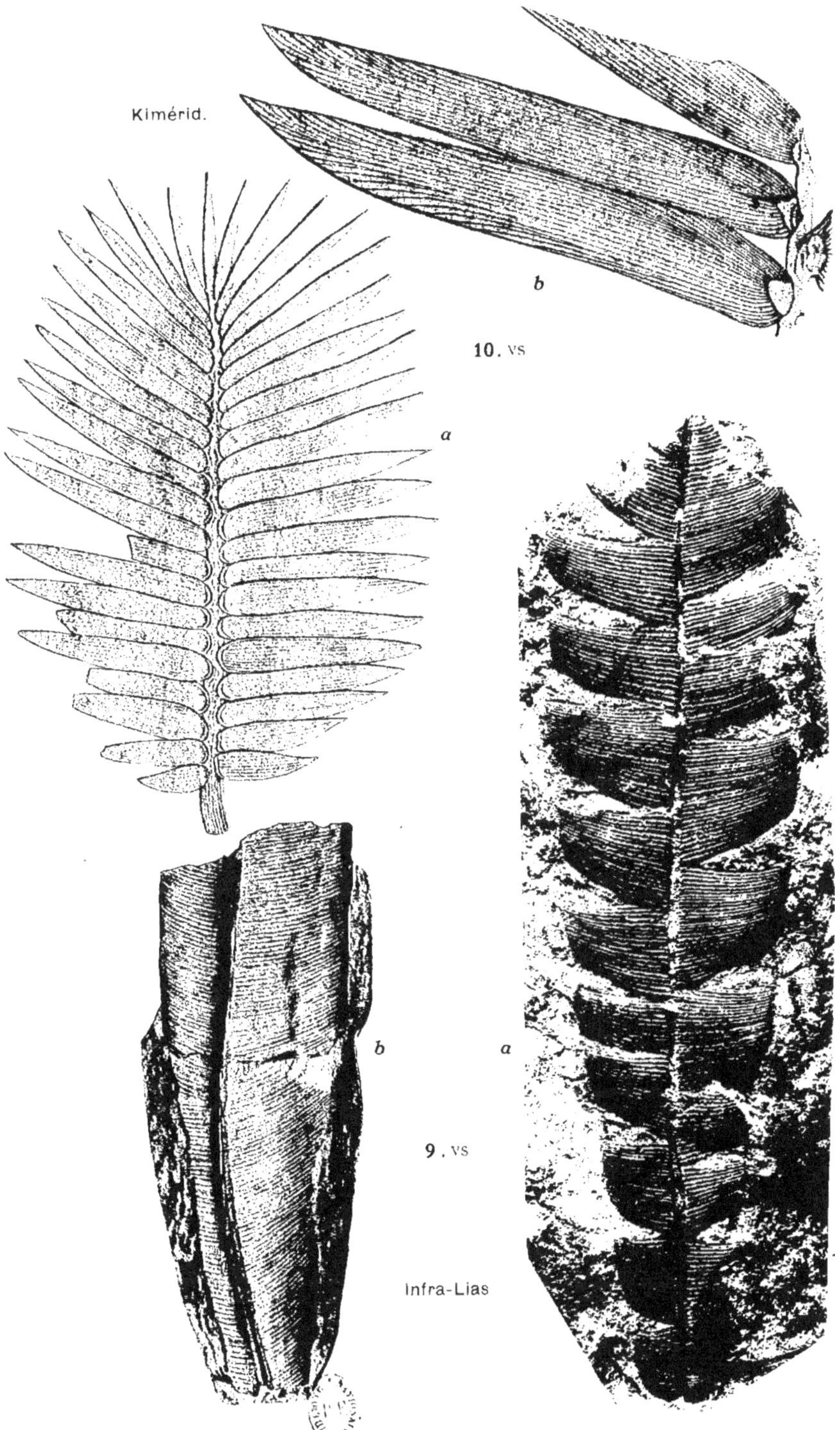

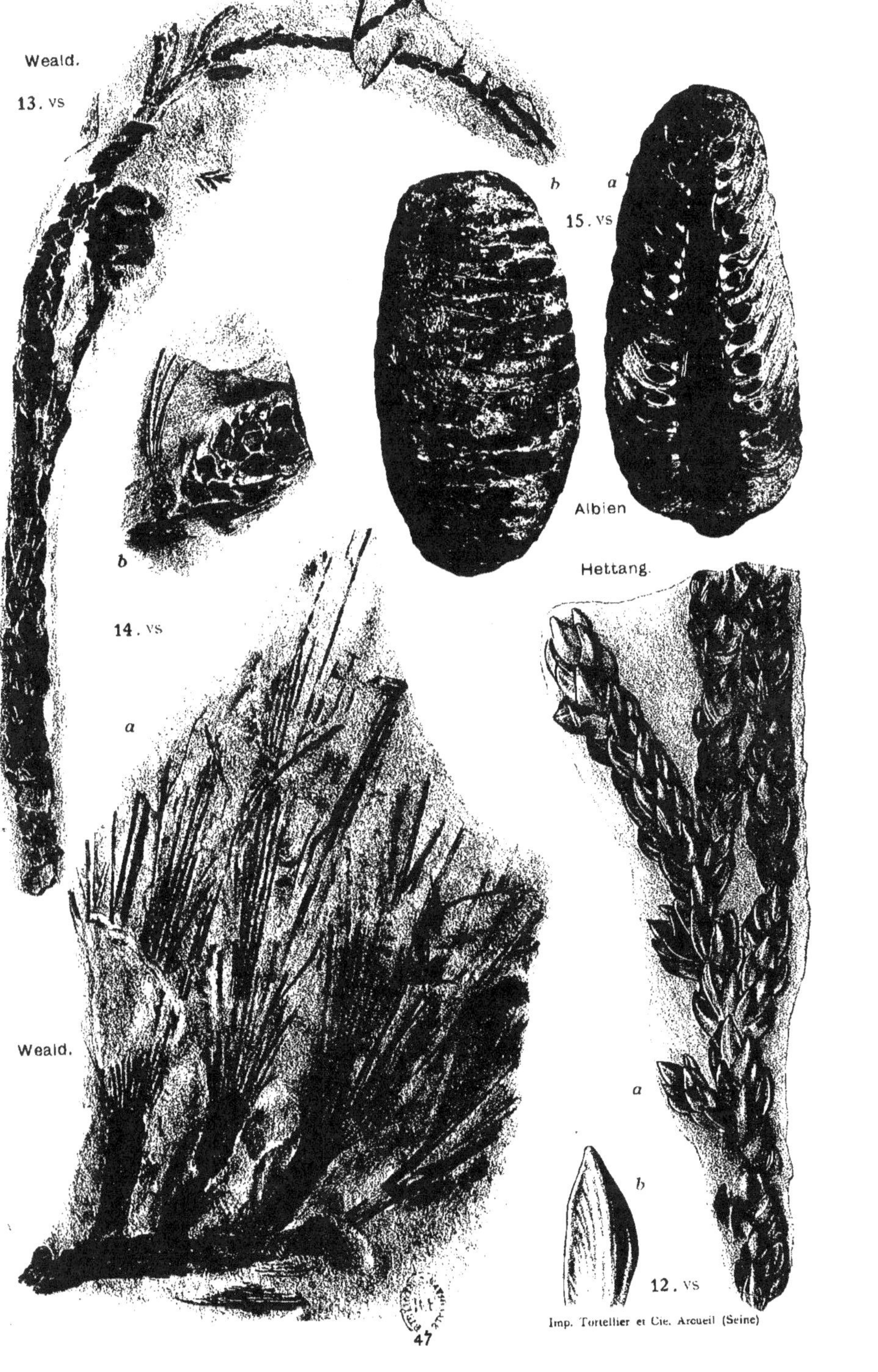

Weald.
13. vs
b
a
15. vs
Albien
Hettang.
14. vs
b
a
Weald.
a
b
12. vs
47
Imp. Tortellier et Cie. Arcueil (Seine)

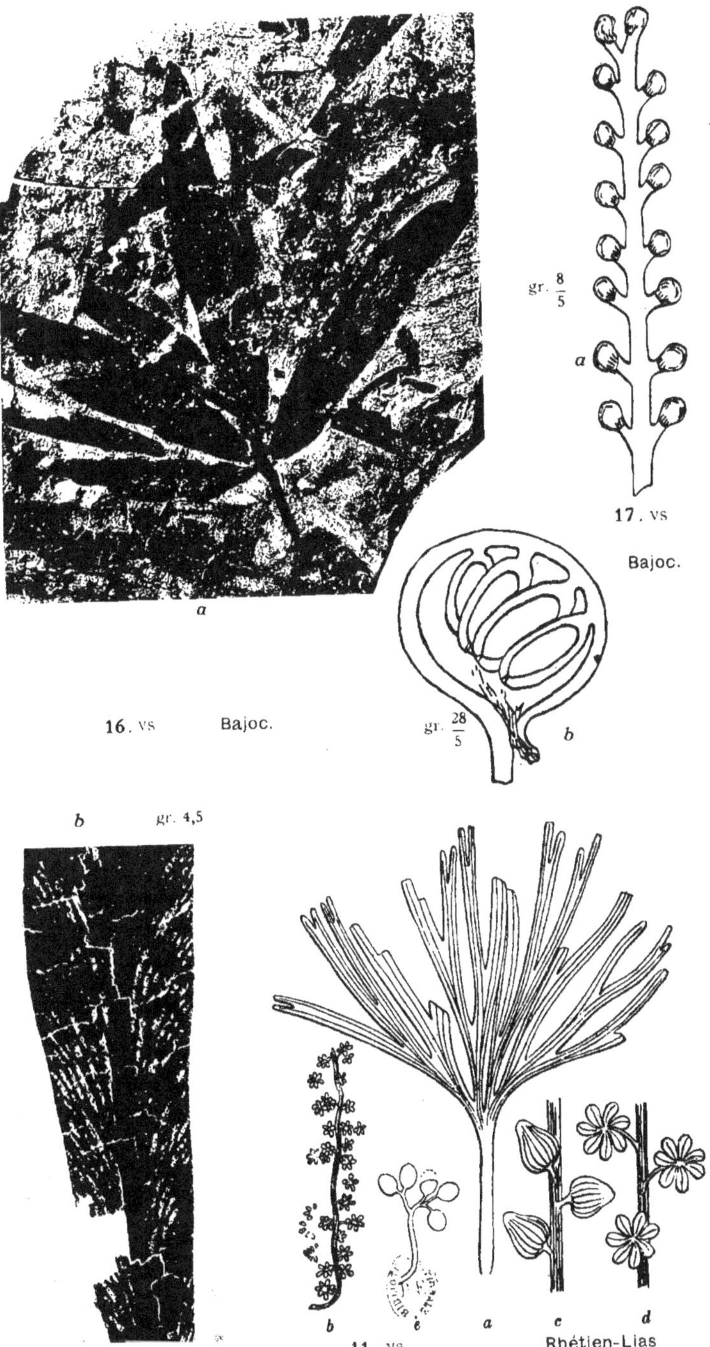

Imp. Tortellier et Cie, Arcueil (Seine)

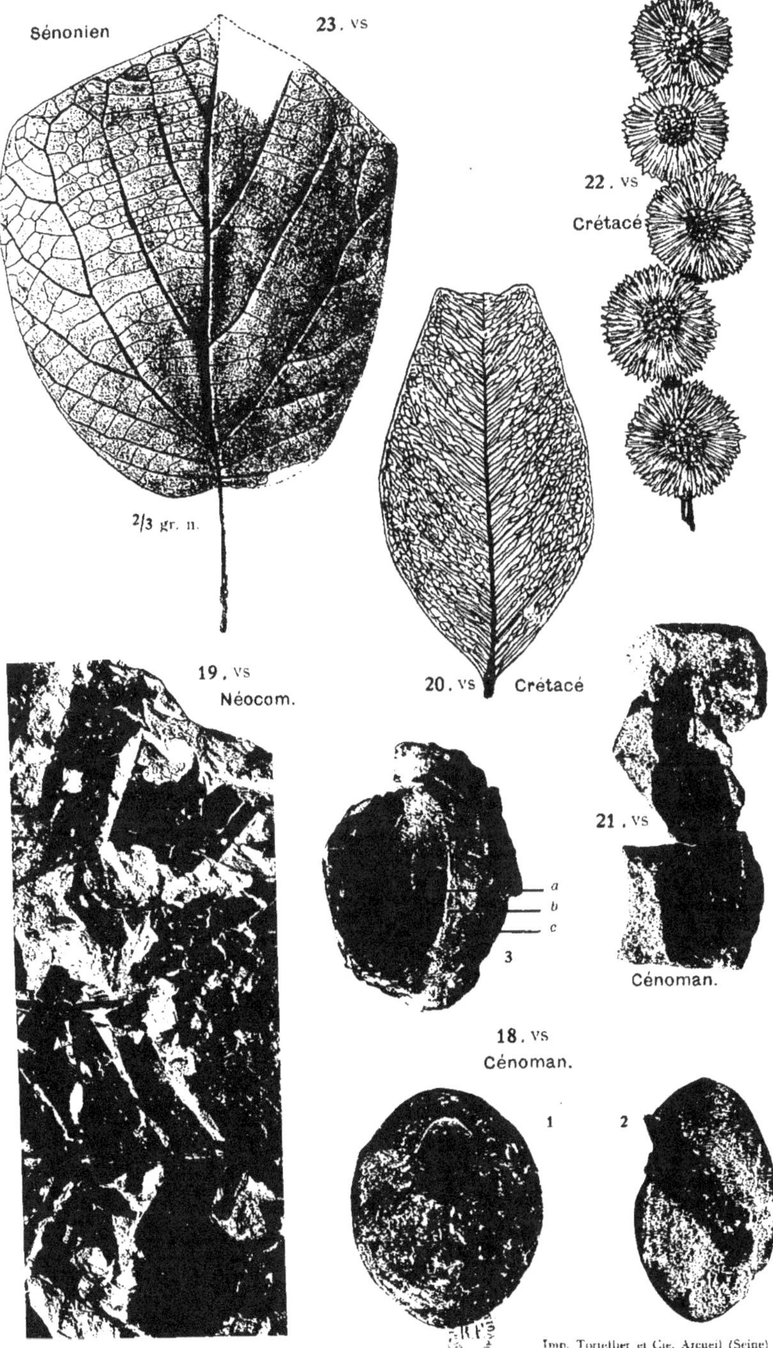

Sénonien
23. vs
2/3 gr. n.
19. vs
Néocom.
22. vs
Crétacé
20. vs   Crétacé
a
b
c
3
21. vs
Cénoman.
18. vs
Cénoman.
1
2

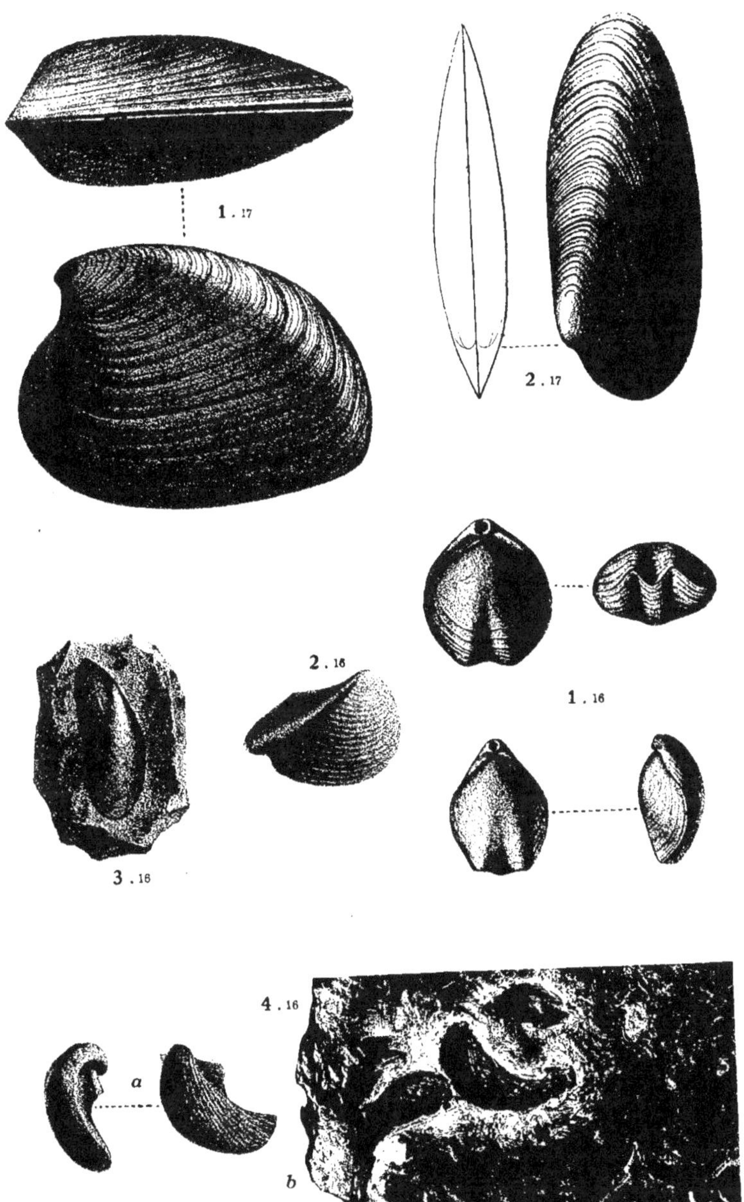

50

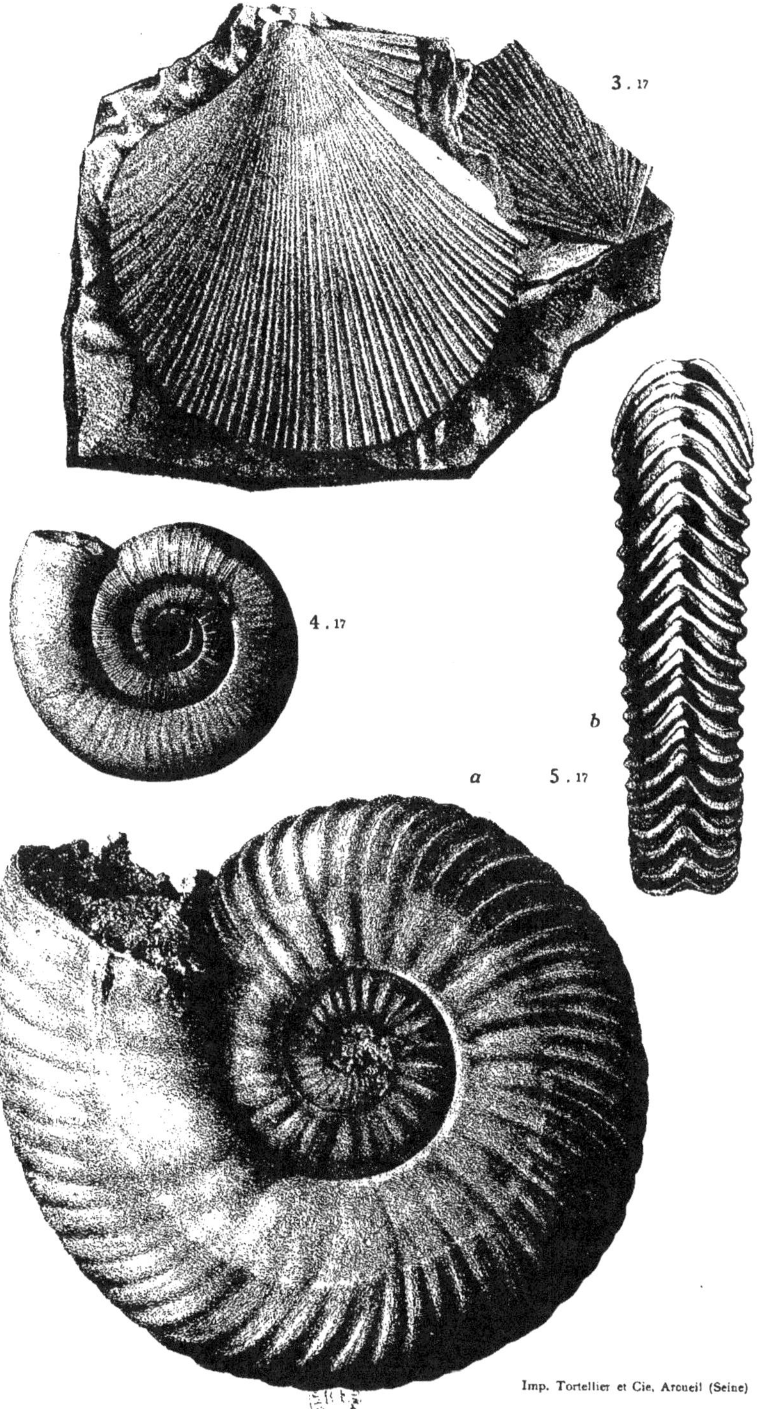

3 . 17
4 . 17
a
b
5 . 17

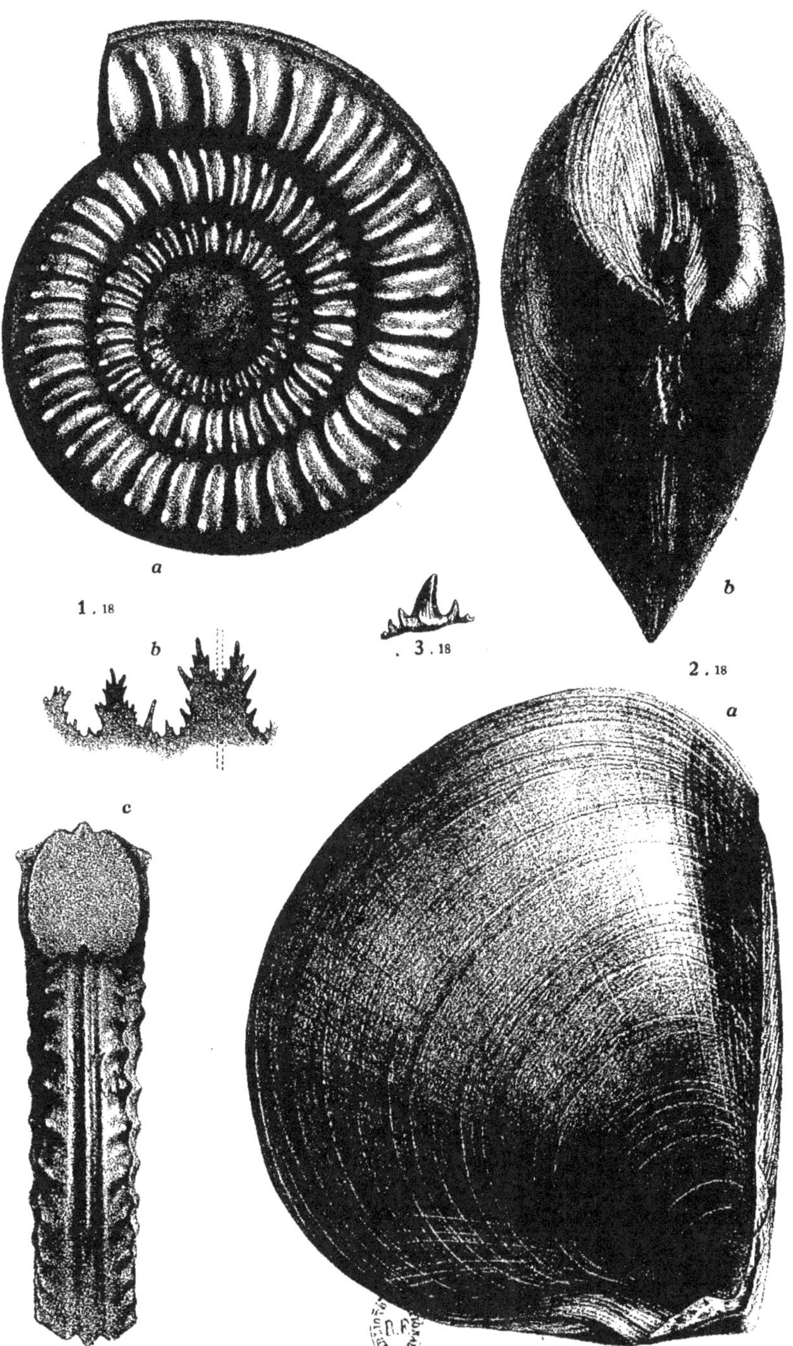

52

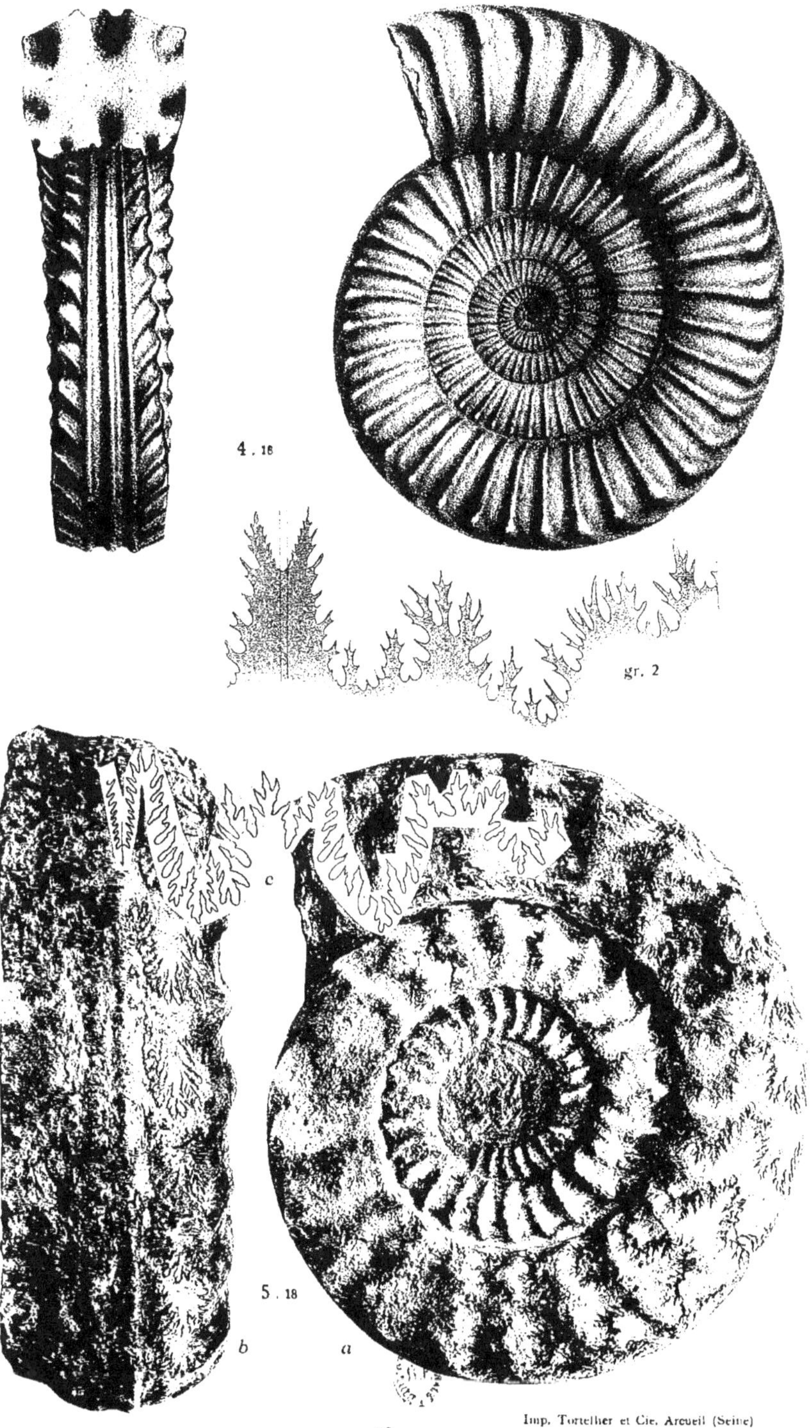

Imp. Tortelher et Cie. Arcueil (Seine)

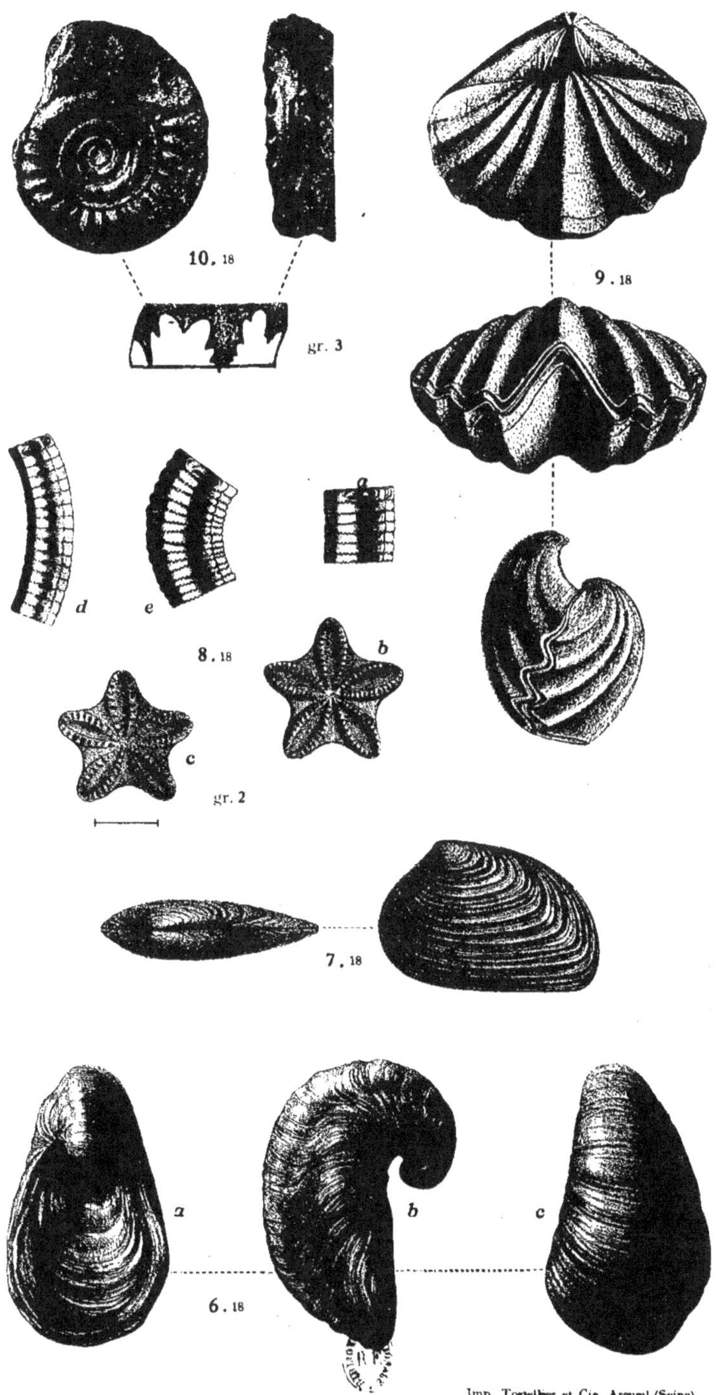

10. 18

gr. 3

9. 18

d e

8. 18

b

c

gr. 2

7. 18

a b c

6. 18

Imp. Tortellier et Cie. Arcueil (Seine)

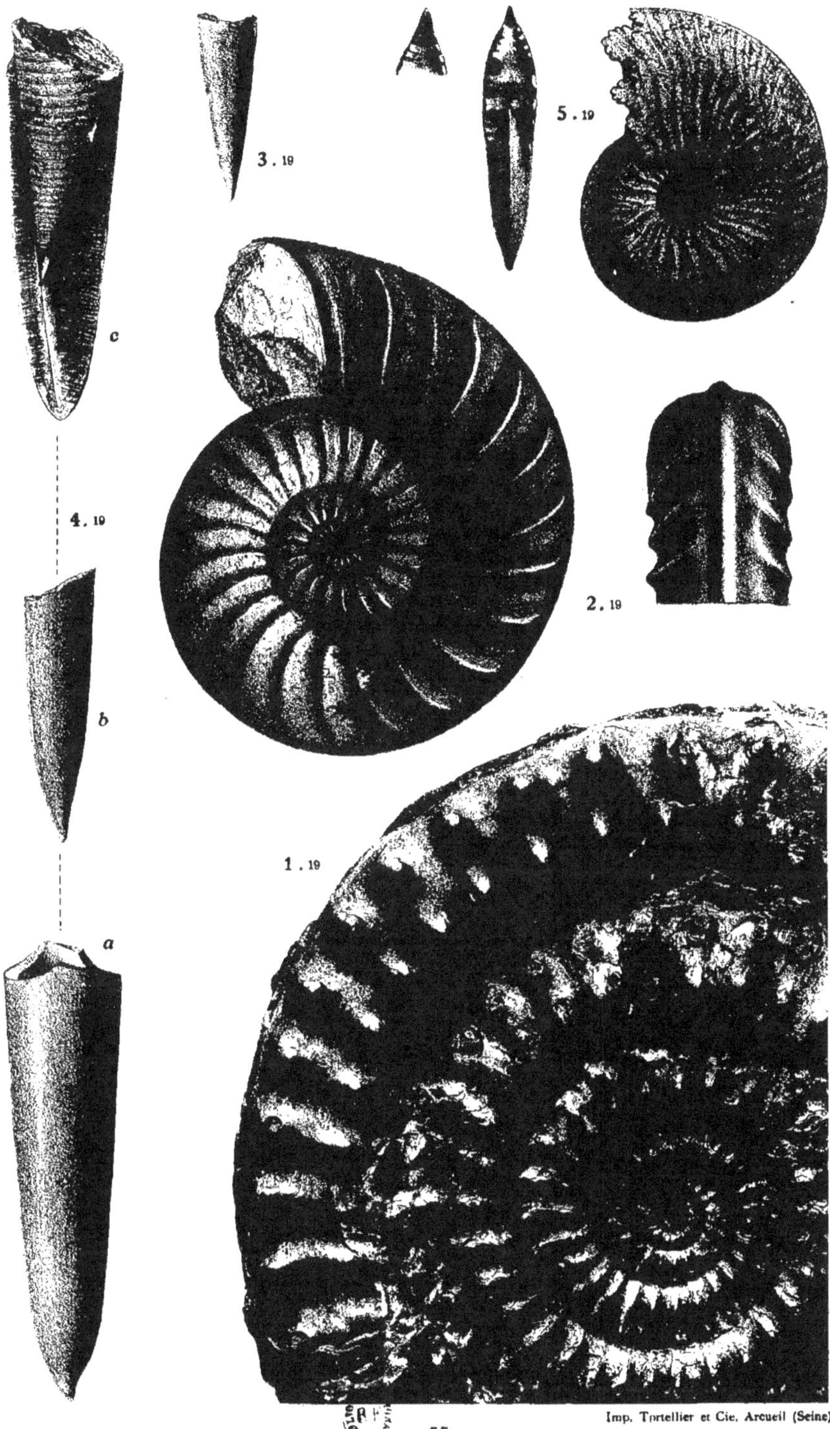

c
b
a
4. 19
3. 19
5. 19
2. 19
1. 19

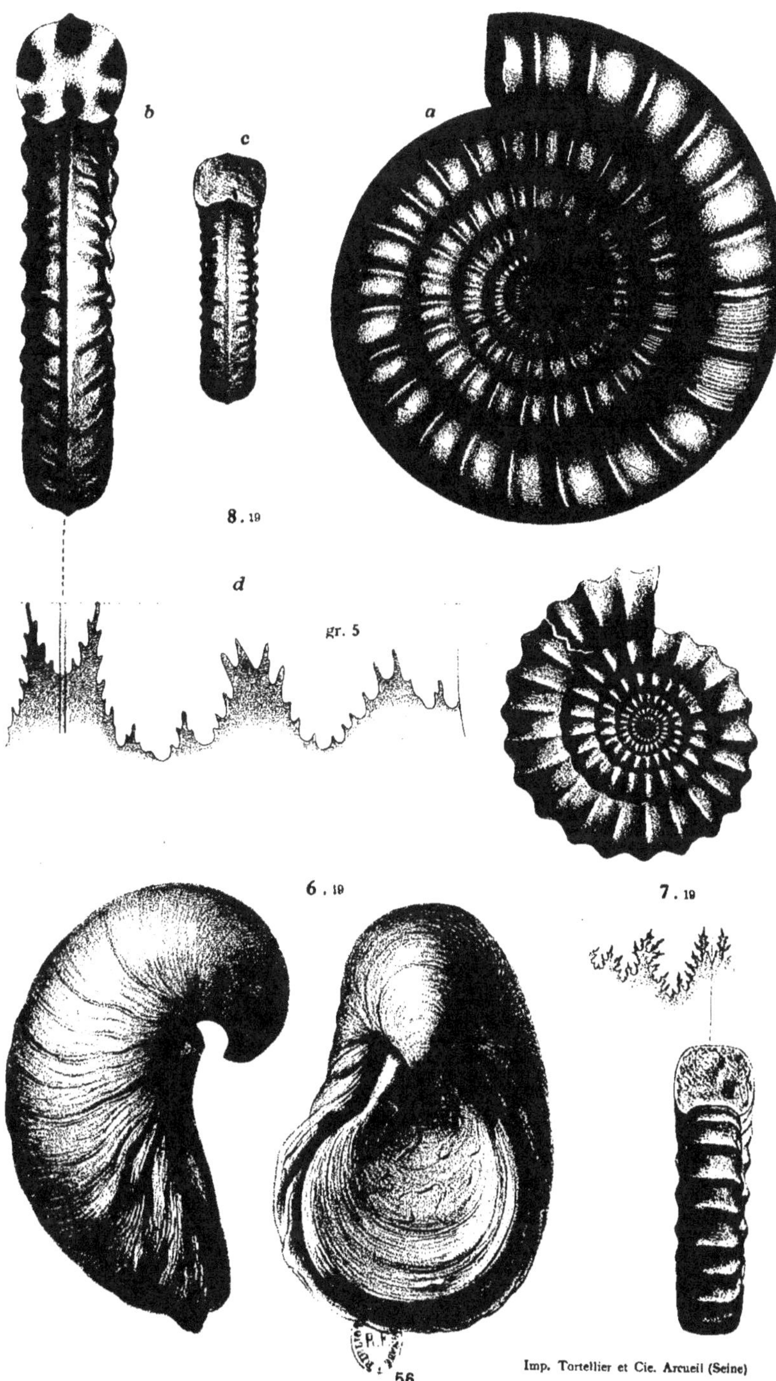

Imp. Tartellier et Cie. Arcueil (Seine)

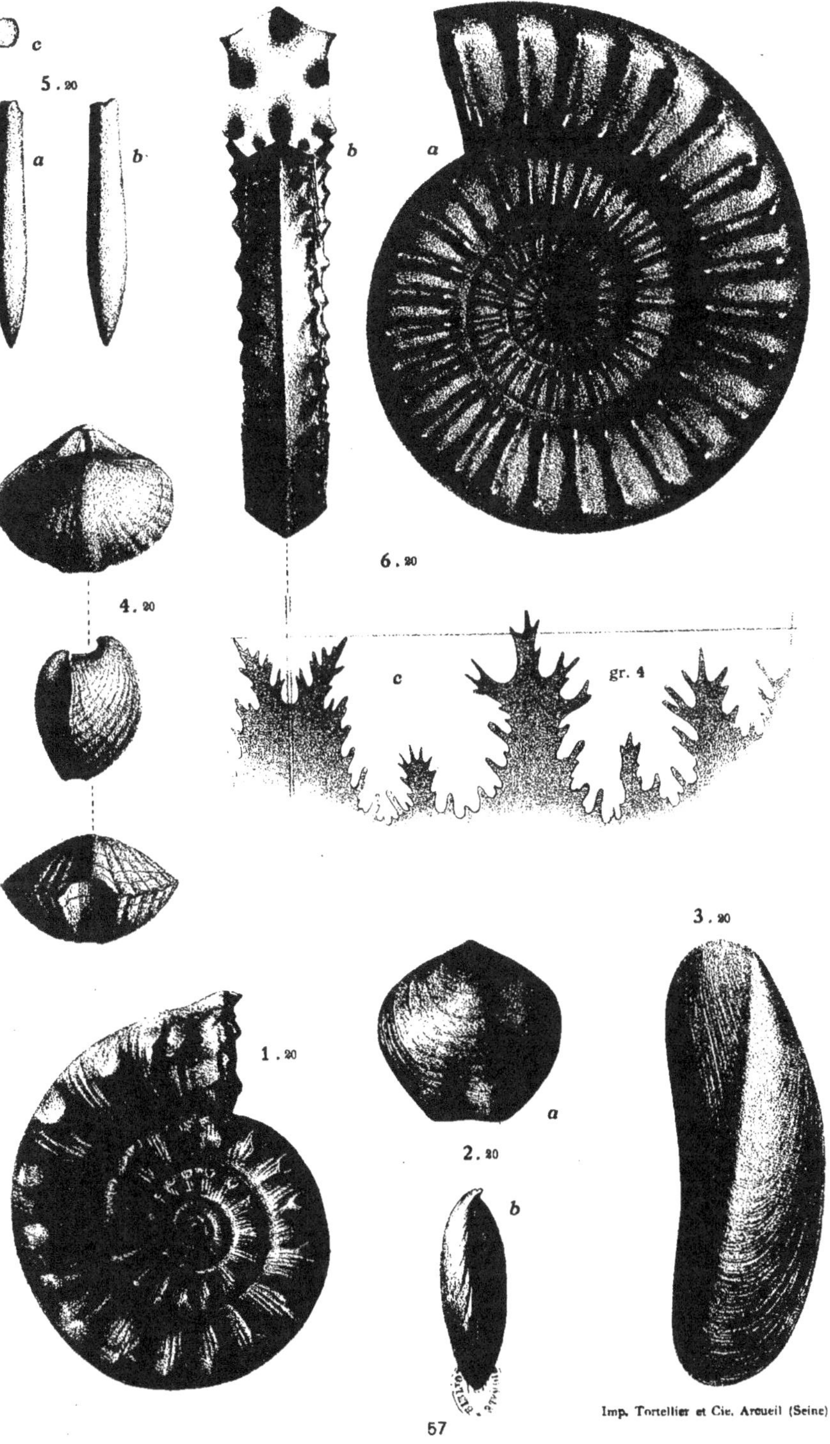
c
5.20
a
b.
b
a
6.20
c
gr. 4
4.20
3.20
1.20
a
2.20
b
Imp. Tortellier et Cie. Arcueil (Seine)
57

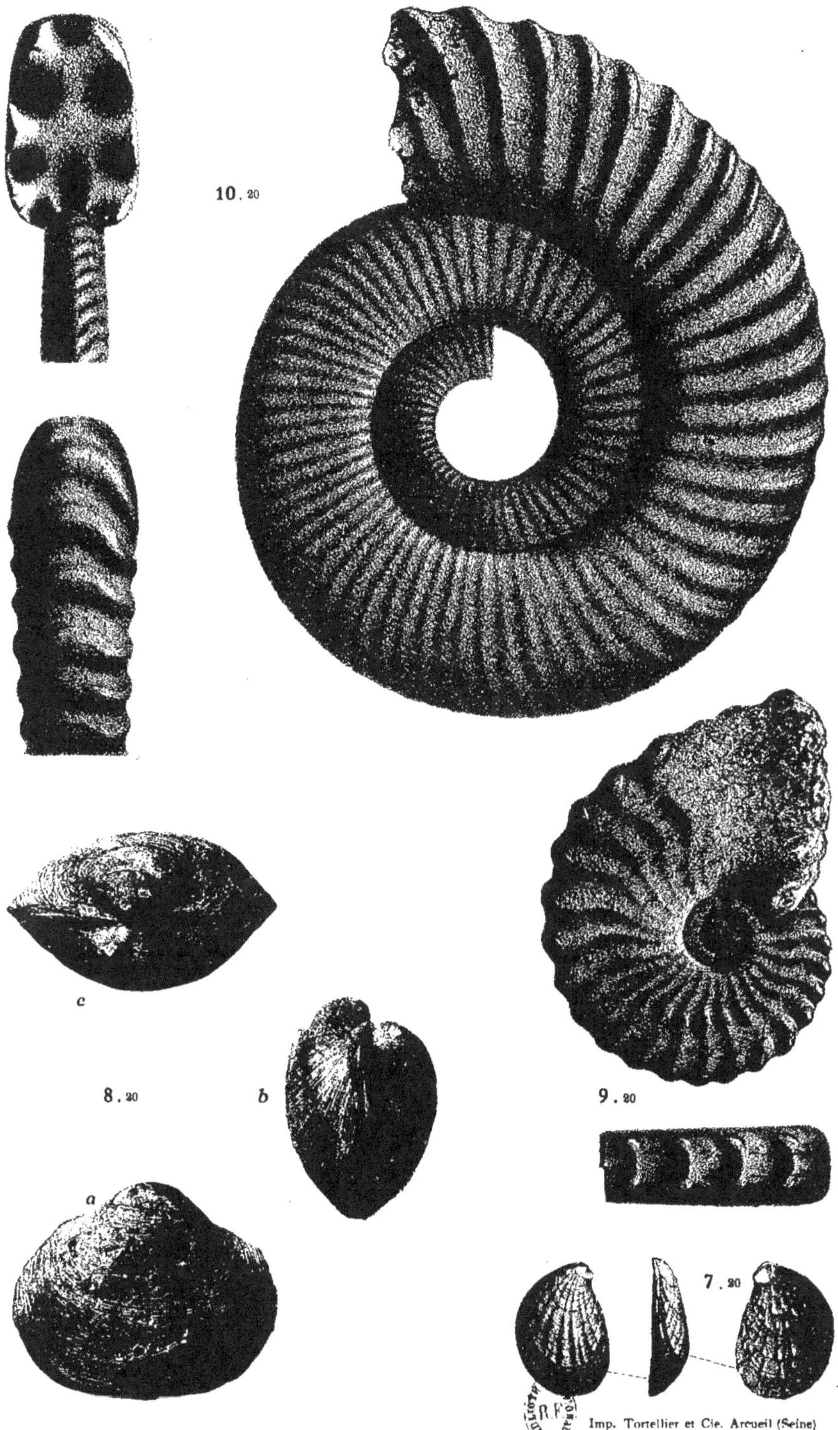

10 . 20

c

8 . 20   b   9 . 20

a

7 . 20

58

Imp. Tortellier et Cie. Arcueil (Seine)

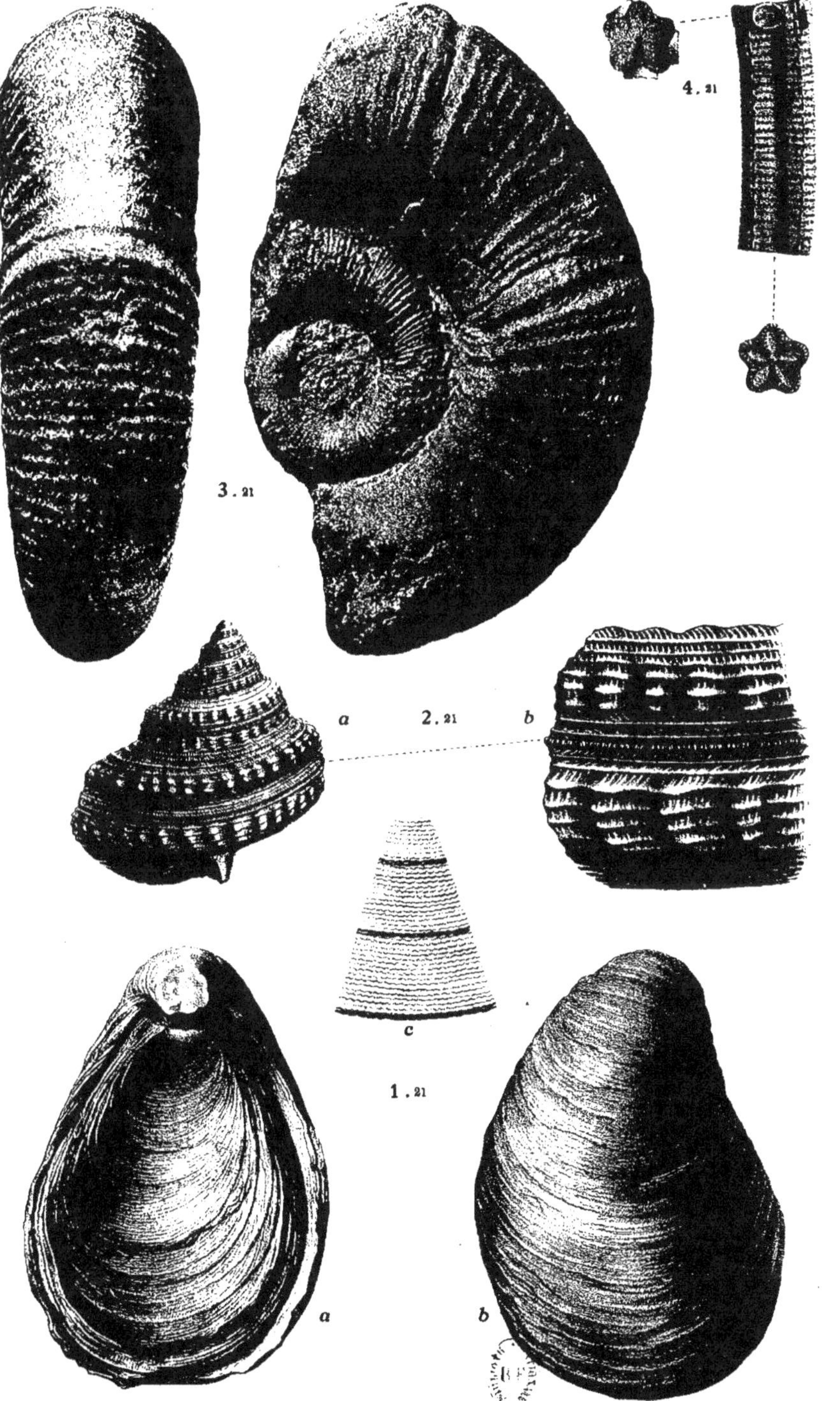

Imp. Tortellier et Cie, Arcueil (Seine)

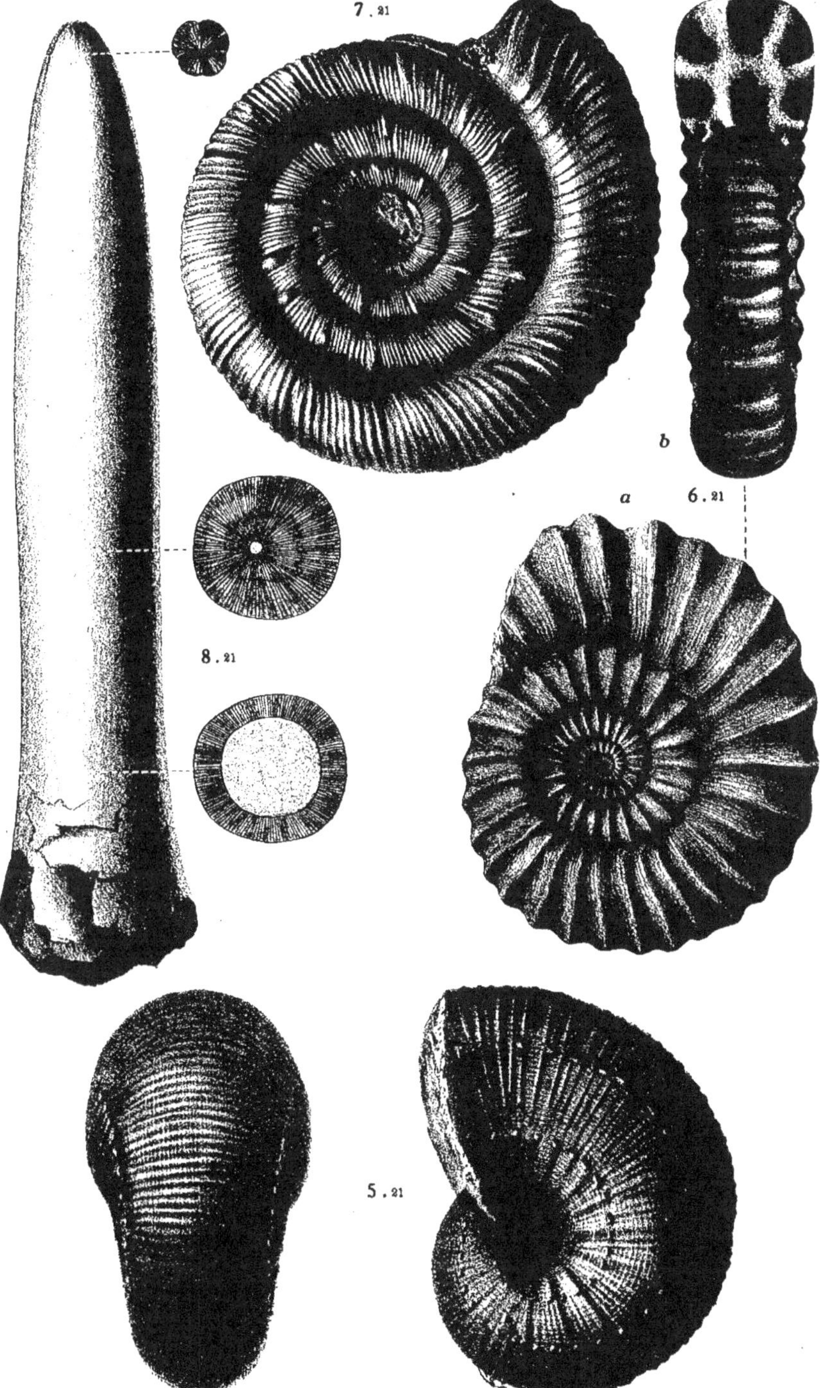

Imp. Tortellier et Cie. Arcueil (Seine)

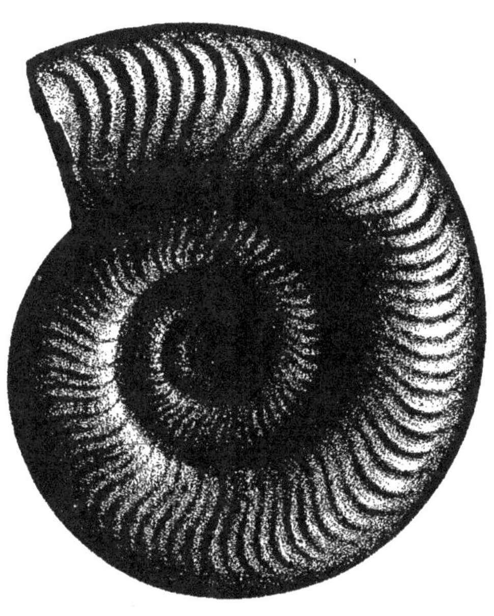

10.21

gr. 3

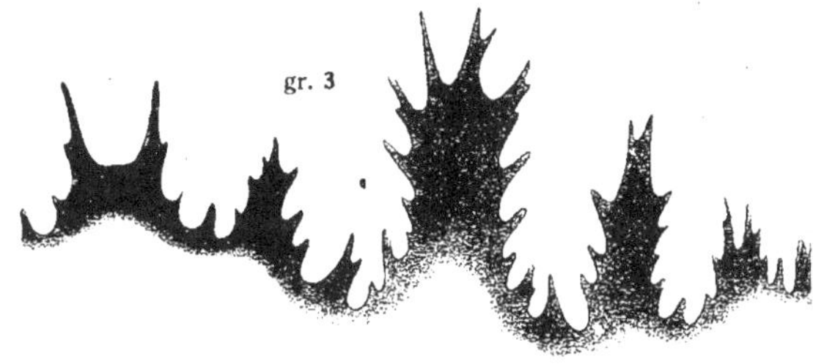

11.21

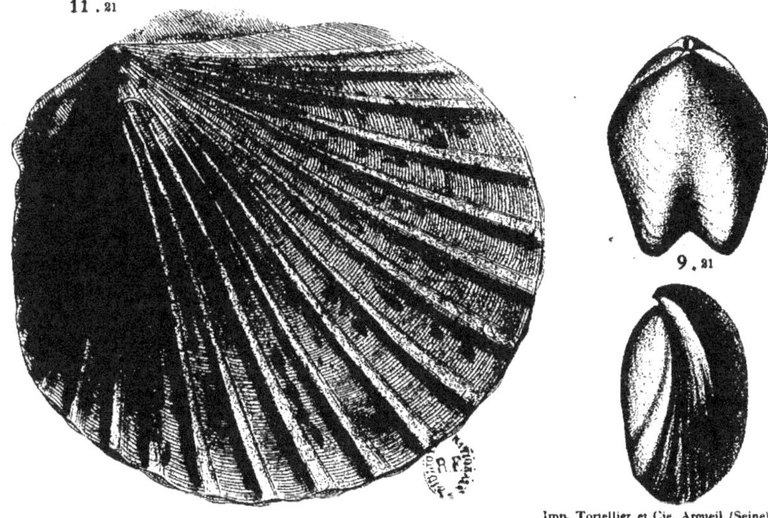

9.21

61

Imp. Tortellier et Cie, Arcueil (Seine)

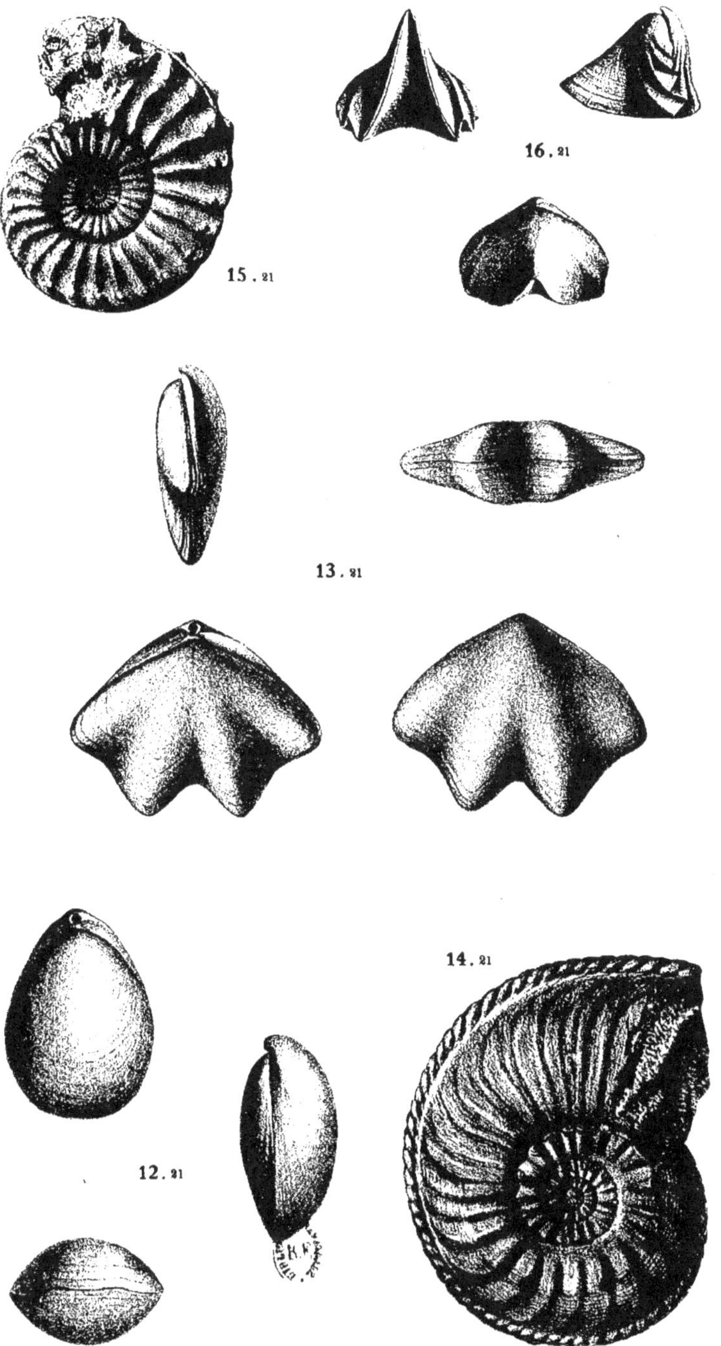

15.21
16.21
13.21
14.21
12.21

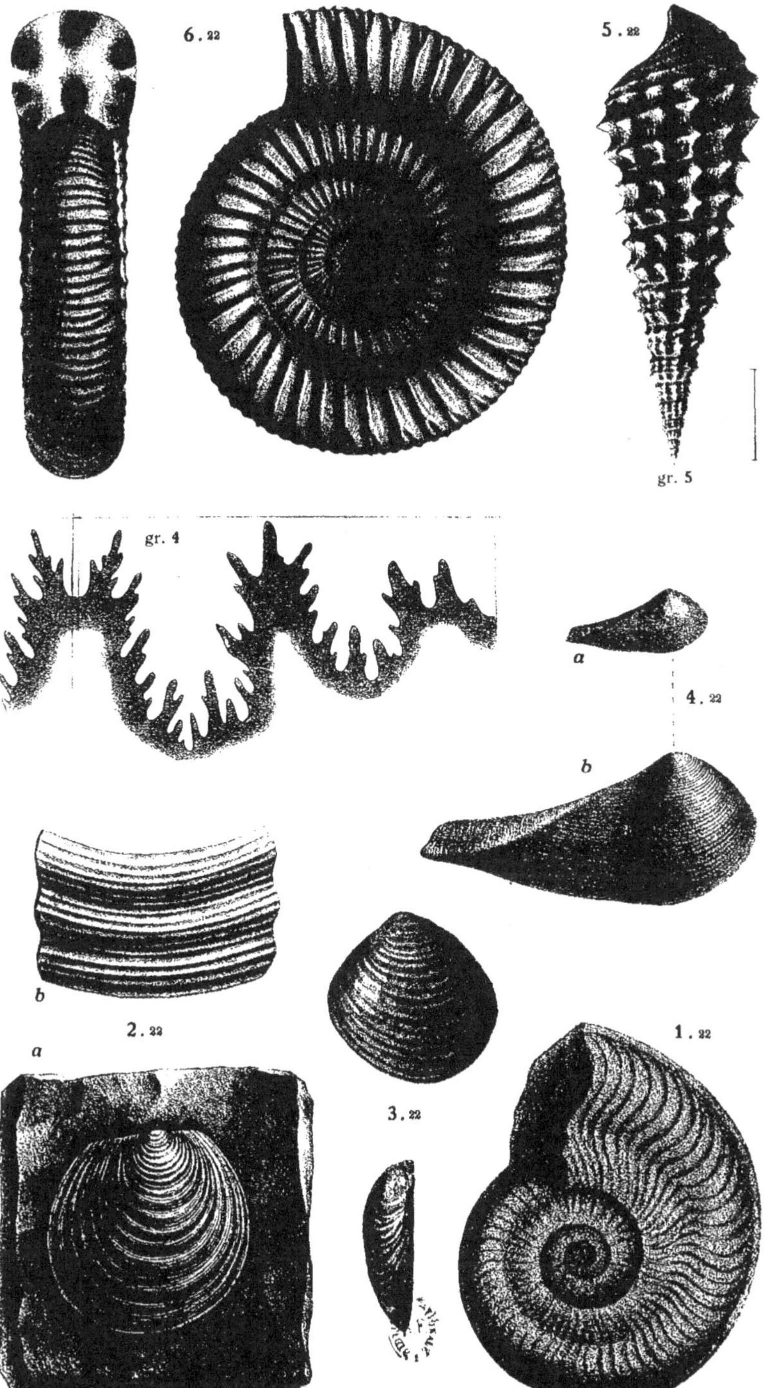

Imp. Tortellier et Cie, Arcueil (Seine)

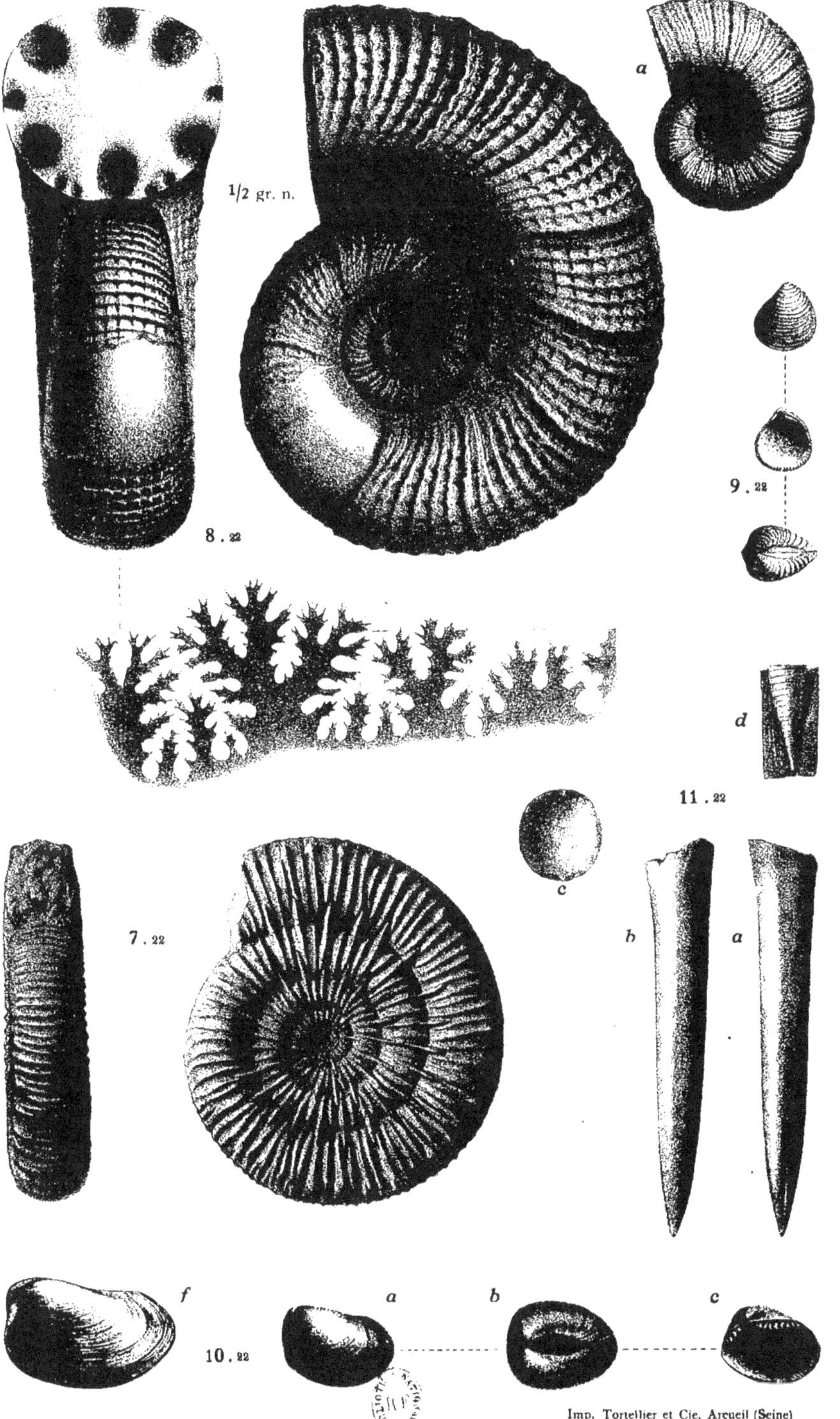

1/2 gr. n.
8.22
7.22
9.22
11.22
a
b
c
d
f
10.22
a
b
c
64

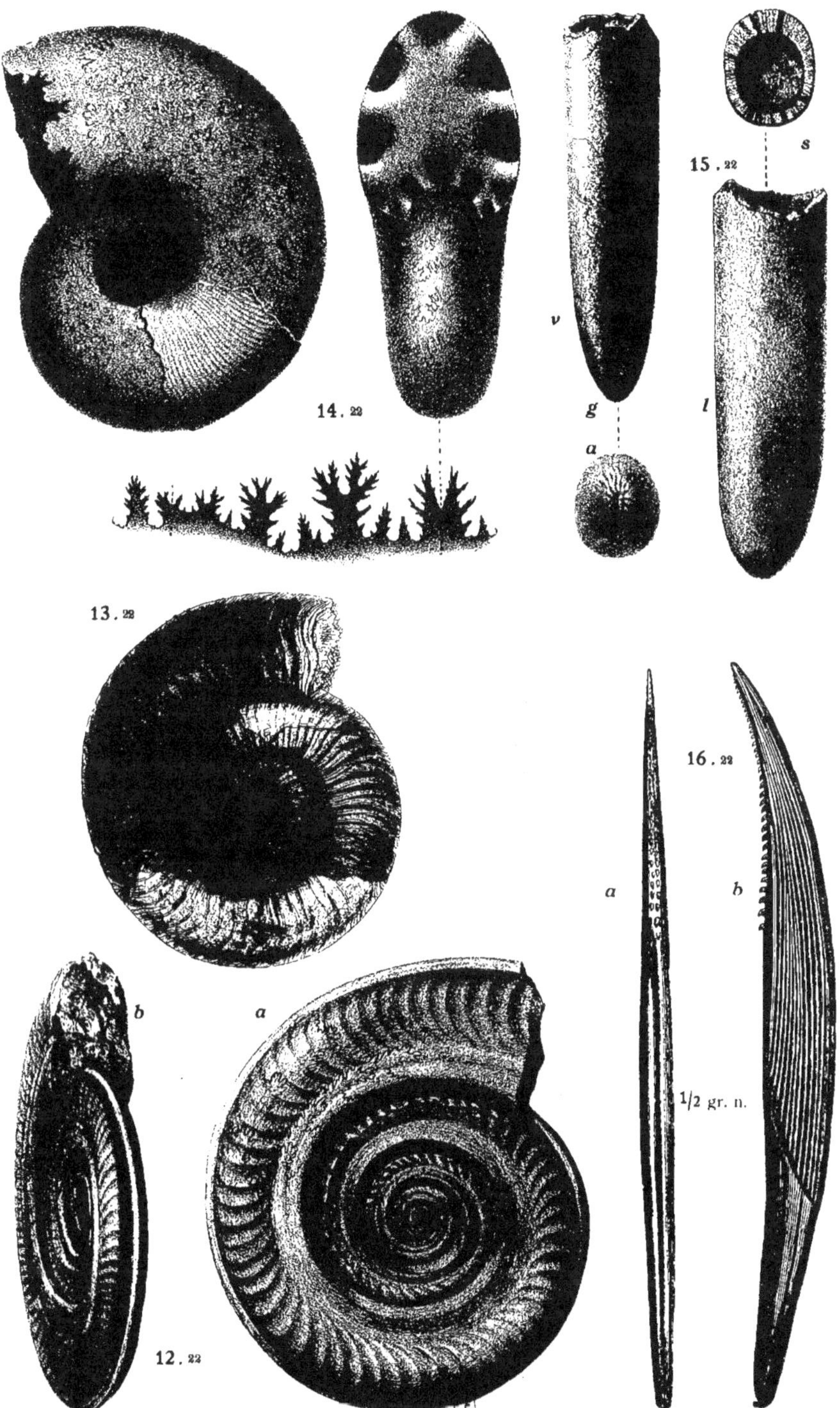

Imp. Tortellier et Cie, Arcueil (Seine)

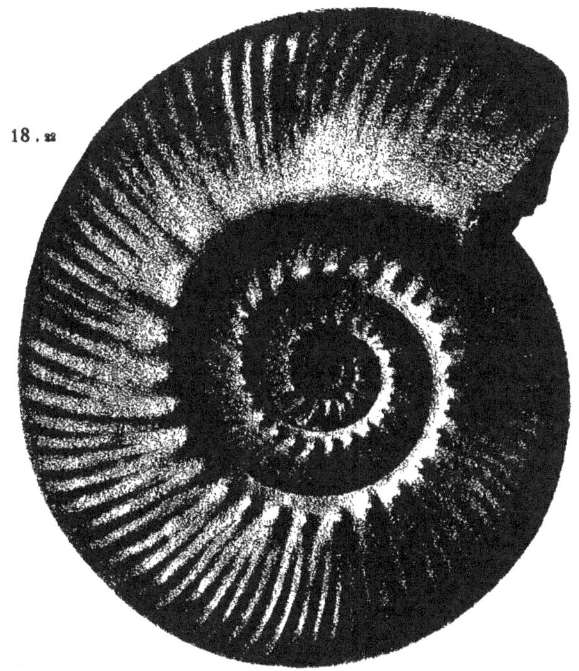

18 . 22

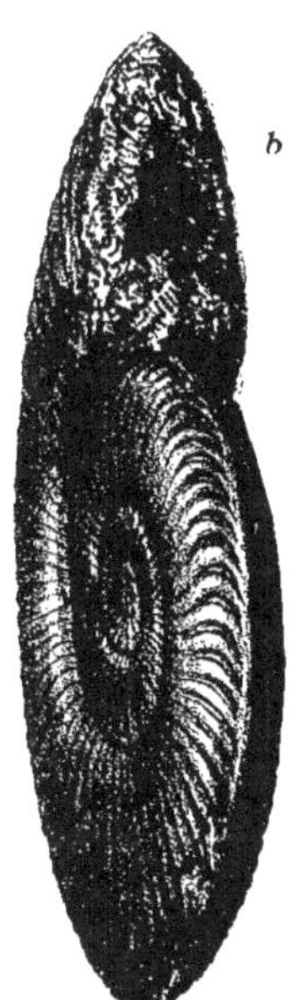

b

a

17 . 22

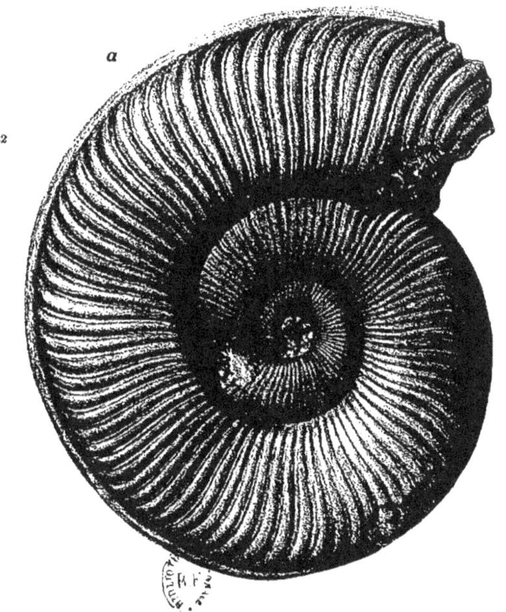

Imp. Tortellier et Cie. Arcueil (Seine)

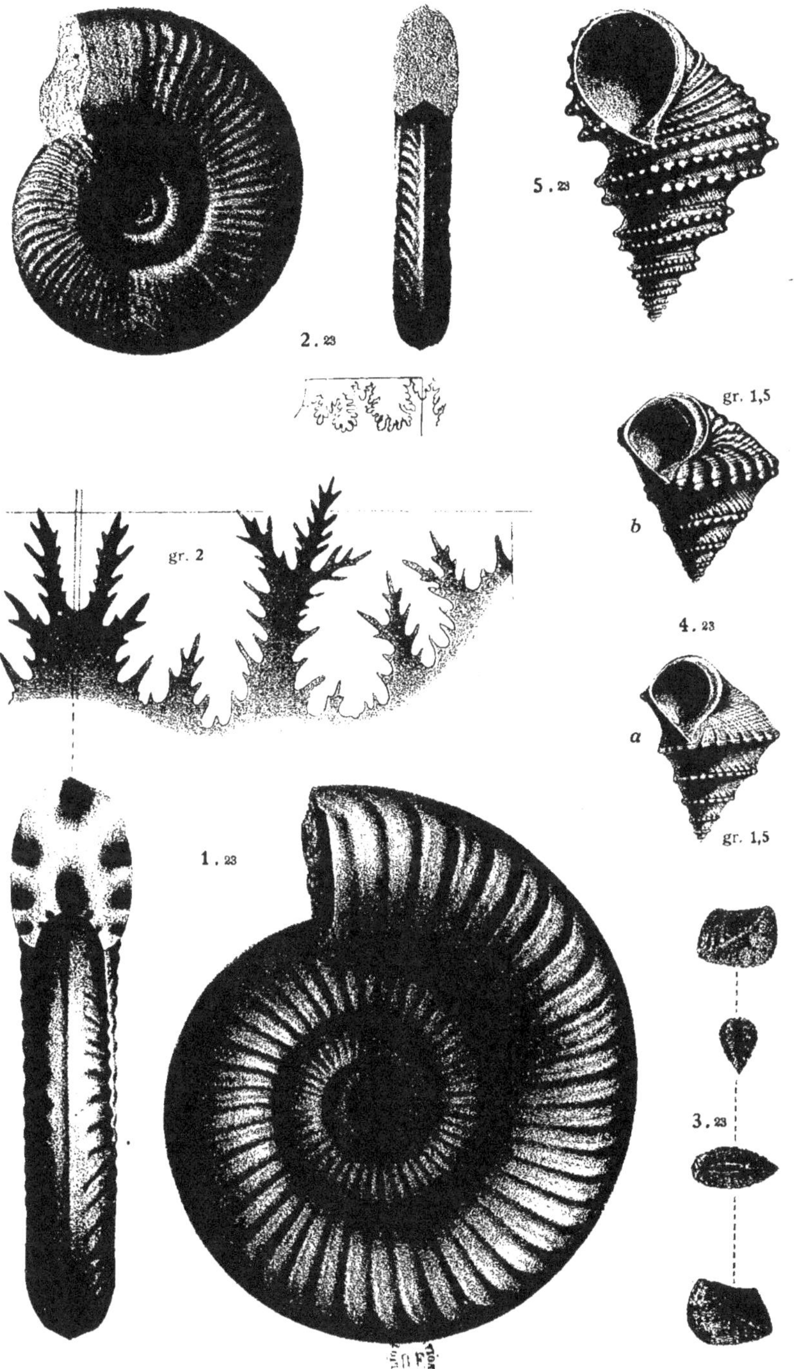

2. 23

5. 23

gr. 1,5

b

4. 23

a

gr. 1,5

gr. 2

1. 23

3. 23

Imp. Tortellier et Cie. Arcueil (Seine)

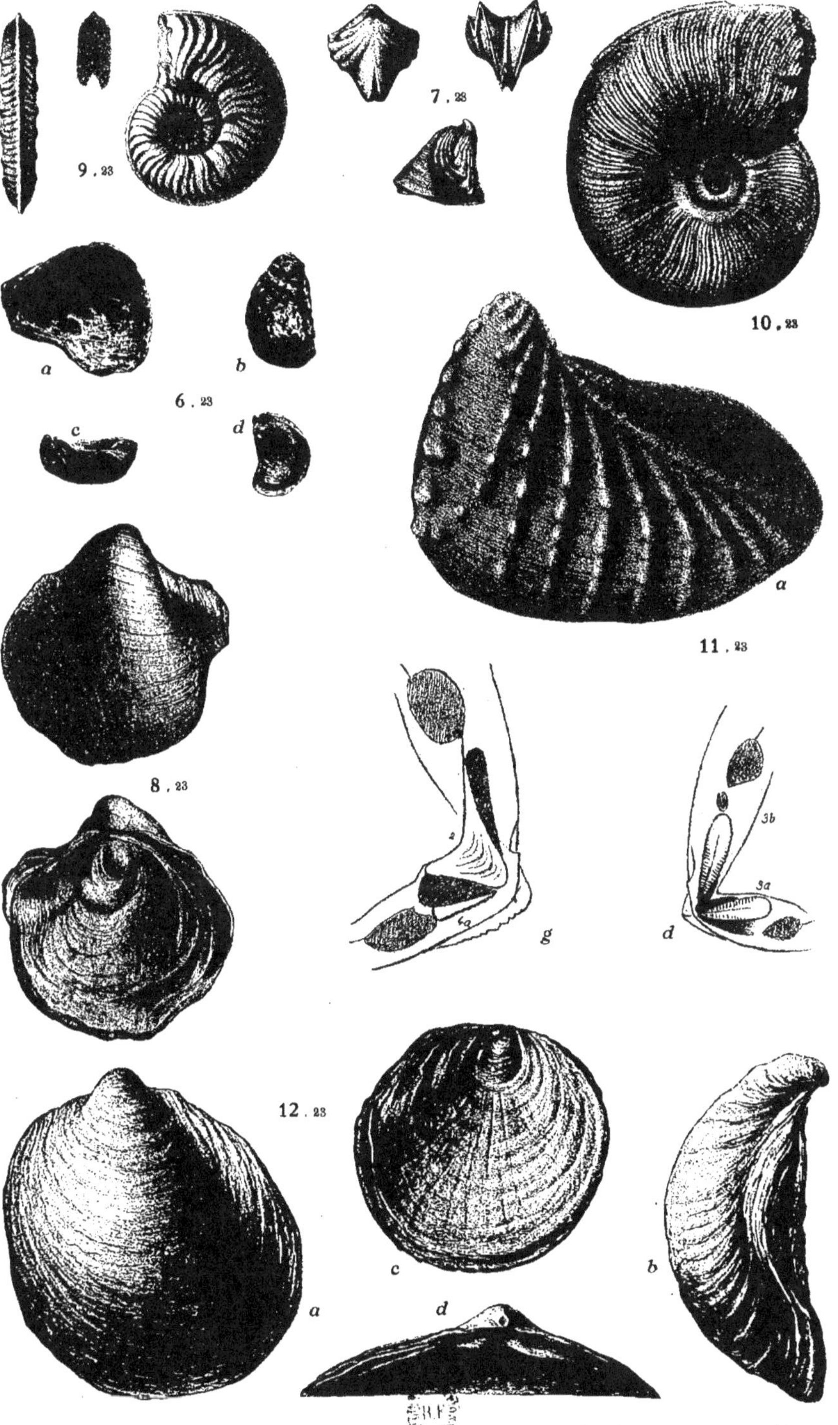

9.23
7.23
10.23
a
b
6.23
c
d
11.23
a
8.23
12.23
a
c
d
b
g
d
3b
3a
68
Imp. Tortellier et Cie. Arcueil (Seine)

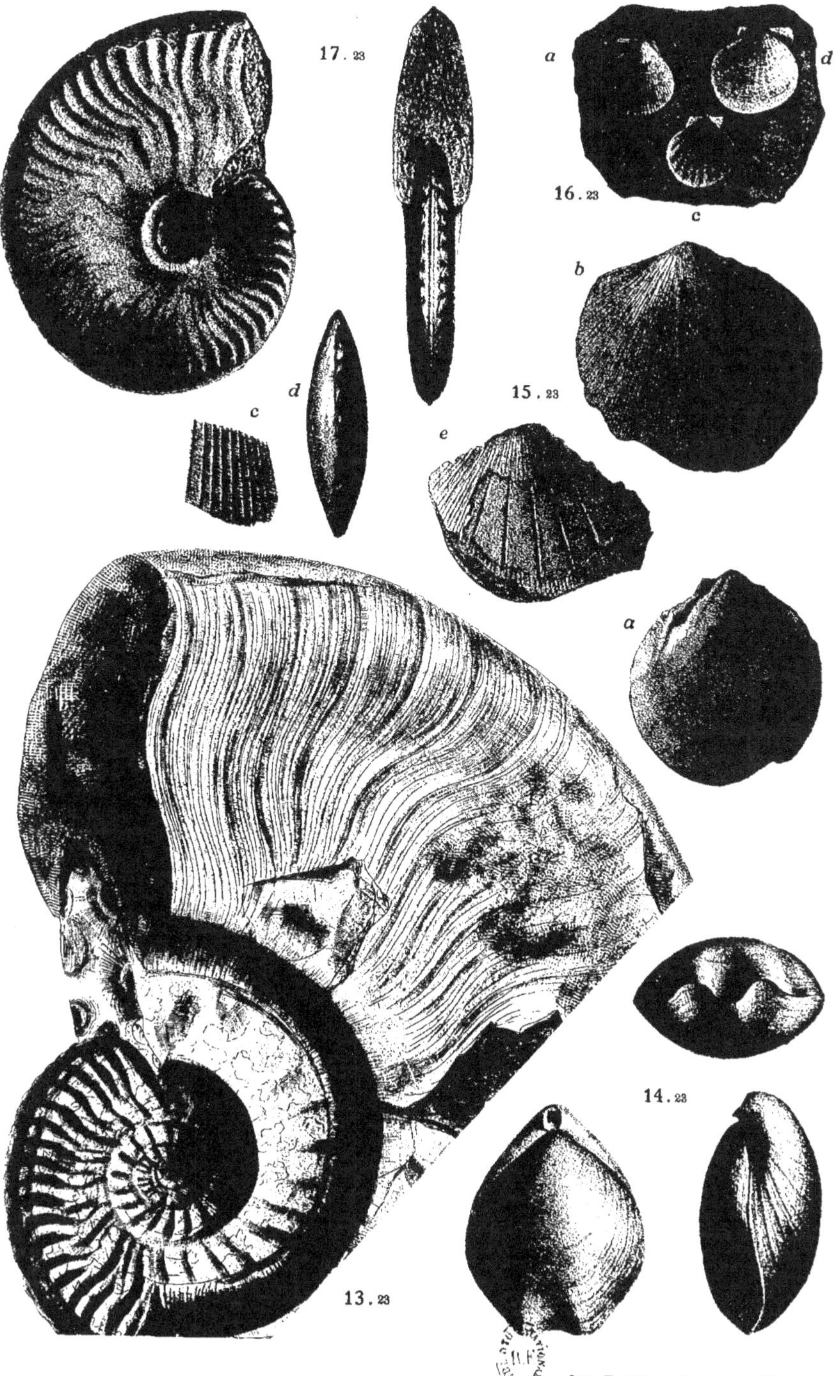

17.23
16.23
a
d
b
c
15.23
d
c
e
a
14.23
13.23
69